Uwe Wiemann **Leitfaden Brandschutzordnung**

Leitfaden Brandschutzordnung

Kompaktes Wissen und Checklisten zur Erstellung

mit 49 Abbildungen, 14 Checklisten und 13 Tabellen

+ mit Download-Angebot

Dipl.-Ing. Uwe Wiemann

Brandschutzbeauftragter und Projektleiter bei der B·A·D Gesundheitsvorsorge und Sicherheitstechnik GmbH sowie zweiter Vorsitzender des Vereins der Brandschutzbeauftragten in Deutschland e. V. (VBBD)

FeuerTrutz RM Rudolf Müller

Bibliografische Information der Deutschen Nationalbibliothek
Die Deutsche Nationalbibliothek verzeichnet diese Publikation in der Deutschen Nationalbibliografie; detaillierte bibliografische Daten sind im Internet über http://dnb.d-nb.de abrufbar.

Wir freuen uns, Ihre Meinung über dieses Fachbuch zu erfahren. Bitte teilen Sie uns Ihre Anregungen, Hinweise oder Fragen per E-Mail: fachmedien.brandschutz@rudolf-mueller.de oder Telefax: 0221 5497-6323 mit.

Lektorat: Christine Peter, Overath
Umschlaggestaltung und Satz: WMTP Wendt-Media Text-Processing GmbH, Birkenau
Druck und Bindearbeiten: Westermann Druck Zwickau GmbH, Zwickau
Printed in Germany

ISBN: 978-3-481-04626-2 (Buch-Ausgabe)
ISBN: 978-3-481-04627-9 (E-Book als PDF)
ISBN: 978-3-481-04628-6 (Buch-Ausgabe + E-Book als PDF)

FSC www.fsc.org
MIX
Papier aus verantwortungsvollen Quellen
FSC® C110508

Hinweise zum Download-Angebot

Die im Buch enthaltenen Vorlagen und Checklisten stehen für Buchkäufer unter

www.feuertrutz.de/download-buch-leitfaden-bso-2023

zum Download bereit.

Zum Öffnen der Seite ist ein Kennwort erforderlich. Ihr persönliches Kennwort lautet: **LBmzT45P**

Alle downloadbaren Inhalte sind im Buch mit diesem Symbol ⊕ gekennzeichnet:

- Linkliste der Bauordnungen der Bundesländer 17
- Muster zur Pflichtenübertragung im Brandschutz........... 32
- Checklisten aus Kap. 3 „Vorbereitungen zur Erstellung einer Brandschutzordnung“.................................. 34
- Muster zur Brandschutzordnung Teil A.................... 43
- Checklisten aus Kap. 4 „Brandschutzordnung Teil A“ 44
- Checklisten aus Kap. 5 „Brandschutzordnung Teil B“........ 75
- Muster zum Alarmplan.................................. 87
- Checklisten aus Kap. 6 „Brandschutzordnung Teil C“ 92
- Symbole: alle im Buch abgedruckten Symbole stehen als einzelne Bilddateien zur Verfügung.
- Mustertexte: alle im Buch abgedruckten Mustertexte stehen als Textbausteine in einer Worddatei zur Verfügung.

Gratis Zusatzinhalt – exklusiv für Buchkäufer

Alle Buchkäufer erhalten zusätzlich zum oben erwähnten Downloadangebot einen Rabattcode, um die „Symbole für Brandschutzpläne“ **kostenfrei** zu erhalten.

Um den Gutschein einzulösen, gehen Sie bitte auf die Webseite:

www.baufachmedien.de/symbole-fuer-brandschutzplaene.html#download

Alternativ rufen Sie den Onlineshop www.baufachmedien.de auf und tippen in die Suche „Symbole“ ein. Wählen Sie dann das Produkt „Symbole für Brandschutzpläne“ aus.

Im Weiteren Bestellvorgang geben Sie dann im Feld Rabattcode folgenden Code ein: **gratis-symbole**

Dieser Rabattcode gewährt Ihnen kostenlosen Zugang zum Download.

Vorwort

Brände gefährden Leben und Gesundheit. Um allgemeine Gefährdungen durch Brände zu minimieren und Menschen – im Besonderen Beschäftigte, die Brandgefährdungen ausgesetzt sind – zu schützen, ist der Brandschutz ein wesentlicher, nicht zu unterschätzender Faktor.

Der Brandschutz trägt überdies auch zur Existenzsicherung von Unternehmen bei. Denn gerade in der Vergangenheit stattgefundene Brandereignisse haben aufgezeigt, dass die meisten Unternehmen nach einem großen Brand nicht mehr konkurrenzfähig sind.

Im Rahmen des vorbeugenden Brandschutzes fordert die Gesetzgebung daher unter anderem spezifische Verhaltensregelungen, deren Aufgabe es ist, Leben und Gesundheit zu schützen. Dazu dient unter anderem die Brandschutzordnung, die z. B. für die meisten Sonderbauten gefordert wird. Sonderbauten sind Anlagen oder Gebäude besonderer Art oder Nutzung (siehe Kapitel 3.1).

Für die Erstellung und Bekanntmachung der Brandschutzordnung im Unternehmen gibt es gemäß DIN 14096 „Brandschutzordnung – Regeln für das Erstellen und das Aushängen“ (2014) Minimalanforderungen. Zur Bekanntmachung gehört auch die regelmäßige Unterweisung aller Mitarbeitenden sowie das Üben im Rahmen von Evakuierungsübungen auf Basis der erstellten Brandschutzordnung und der vorhandenen Flucht- und Rettungspläne.

Die Vergangenheit hat gezeigt, dass u. a. durch fehlende fachliche Qualifikationen und Unwissenheit Brandschutzordnungen erstellt wurden, die inhaltlich und formal nicht den geltenden Regelungen entsprechen und im Falle eines Ereignisses zu Organisationsverschulden führen. Dieses Buch unterstützt daher die Verantwortlichen bei der Erstellung einer sachgemäßen Brandschutzordnung.

In den einzelnen Kapiteln werden formale und inhaltliche Aspekte thematisiert und mögliche Lösungen vorgestellt. Zur Lösungsfindung tragen des Weiteren in das Buch integrierte Checklisten und Hinweise bei. Zusätzlich sind jedoch noch regionale Forderungen und Vorgaben der Bau- oder Brandschutzbehörden zu beachten. Da der Brandschutz länderspezifisch geregelt ist, sind etwa die entsprechenden länderspezifischen Bauordnungen zu Hilfe zu nehmen. Nicht zuletzt ist es empfehlenswert, sich bei der zuständigen Brandschutzbehörde über zusätzliche, nicht im länderspezifischen Bauordnungsrecht enthaltene Auflagen zu informieren.

Hinweis: Die zuständigen Brandschutzbehörden werden teilweise in den Bundesländern unterschiedlich bezeichnet. Hier empfiehlt es sich, bei dem zuständigen Bauaufsichtsamt zu erfragen, welche Behörde in der Region für den Brandschutz zuständig ist.

Entscheidend ist jedoch, dass den Erstellenden der Brandschutzordnung die notwendigen Informationen zur Verfügung stehen, die sie benötigen, um den angesprochenen Personengruppen eine qualitativ hochwertige und verständliche Brandschutzordnung zur Verfügung zu stellen. Hierzu leistet dieses Buch einen entscheidenden Beitrag.

Inhalt

1 Geschichtliche Entwicklung der Brandschutzordnung

Vor der erstmalig im April 1983 erschienenen DIN 14096 „Brandschutzordnung – Regeln für das Erstellen und das Aushängen“ gab es keine gesetzlichen oder normativen Vorgaben für die Erstellung einer Brandschutzordnung. Gefordert wurde lediglich, dass Mitarbeitende im Rahmen der geltenden Arbeitsschutzgesetze und -verordnungen auf die Gefahren, die u. a. durch einen Brand entstehen können, hingewiesen werden.

Federführend für die Erstellung und Bearbeitung ist der Normenausschuss NA 031 „Feuerwehrwesen (FNFW)“ des Deutschen Instituts für Normung (DIN). Er entstand aus dem Fachausschuss für Normung der Feuerwehrgeräte im Normenausschuss der Deutschen Industrie und seine Gründung geht auf das Jahr 1920 zurück. Der Normenausschuss gliedert sich in fünf Fachbereiche, die jeweils ihre speziellen Aufgabengebiete bearbeiten. Er übernimmt die auf Basis der europäischen Normung erforderlichen notwendigen Normungsarbeiten in den Bereichen

- Brand- und Katastrophenschutz,
- vorbeugender Brandschutz,
- technische Hilfeleistung
- und Krisenmanagement.

Dazu zählt auch die diesem Buch zugrunde liegende DIN 14096.

Bei seiner Arbeit kooperiert der FNFW mit anderen Gremien, Arbeits- und Normenausschüssen auf deutscher und internationaler Ebene. Er setzt sich zusammen aus Vertretenden folgender Themen- und Fachgebiete (siehe Abb. 1.1):

- Arbeitsschutz
- Normanwendung
- öffentliche Hand
- Wirtschaft
- Wissenschaft und Forschung
- sonstige Nicht-Regierungsorganisationen

Mehr als die Hälfte der Vertretenden im FNFW kommen aus der Wirtschaft.

Als 1983 erstmals die Norm DIN 14096 veröffentlicht wurde, bestand sie noch aus drei Teilen. Dabei enthielt Teil 1 allgemeine Vorgaben sowie formale und inhaltliche Vorgaben zu Teil A der Brandschutzordnung. Im Teil 2 fanden sich formale und inhaltliche Vorgaben zu Teil B der Brandschutzordnung und im Teil 3 formale und inhaltliche Vorgaben zu Teil C der Brandschutzordnung. Erstmals überarbeitet wurde die Norm dann im Jahr 1999, sodass im Januar 2000 die überarbeitete DIN 14096, noch immer in drei Teilen, veröffentlicht wurde.

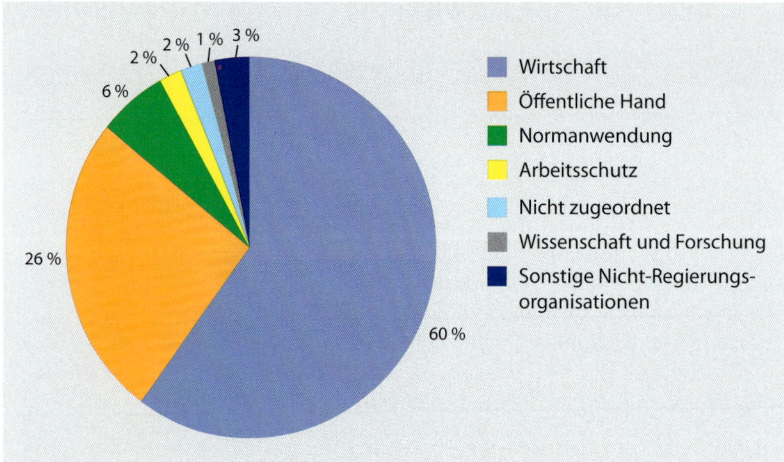

Abb. 1.1: Zusammensetzung des FNFW (Quelle: Deutsches Institut für Normung)

Im Jahre 2013/2014 erfolgte eine erneute Überarbeitung der DIN 14096. Die überarbeitete Version erschien dann im Mai 2014 erstmalig in einem Teil. Sie enthielt eine wesentliche Änderung. Diese bestand darin, dass die drei bisherigen Normenteile in eine Norm überführt, miteinander abgeglichen und an den aktuellen Stand der Technik angepasst wurde. Im Jahr 2022 erfolgte letztmalig die Überprüfung der DIN 14096 durch den beim DIN zuständigen Ausschuss. Eine Überarbeitung ist nicht erfolgt. Eine erneute Überprüfung der Normen erfolgt meist im üblichen Rhythmus von 5 Jahren. Somit befindet sich die Norm trotz des fortgeschrittenen Alters auf dem aktuellen Stand.

2 Gesetzliche Grundlage

Die Brandschutzordnung regelt das Verhalten im Brandfall für anwesende Personen innerhalb eines Gebäudes oder auf einem Gelände. Was ist jedoch die gesetzliche Grundlage für die Erstellung einer Brandschutzordnung und wo wird diese gefordert?

Das nachfolgende Schema (Abb. 2.1) zeigt die Hierarchie der Rechtsprechung. Diese ist so zu lesen, dass die Basis oder der Ausgangspunkt der Rechtsprechung das Europarecht ist, welches sich an der Spitze, also am oberen Ende der Hierarchie befindet. Die Vorgaben aus dem Europarecht sind zwar teils recht allgemein gehalten, aber bindend. Ihnen darf in den nachgeordneten Rechtsprechungen (in der Pyramide unterhalb des Europarechts aufgeführt) nicht widersprochen werden.

Je weiter man sich in der Hierarchie der Rechtsprechung nach unten bewegt, desto mehr steigt der Detaillierungsgrad der Vorgaben. Der Begriff Brandschutzordnung wird erst auf der Ebene der Muster- und Landesbauordnungen verwendet, da hier Anweisungen an die betroffenen Personengruppen

Abb. 2.1: Hierarchie der Rechtsprechung in Europa bezogen auf das Thema Brandschutzordnung

erteilt werden. Auf den höheren Ebenen mussten zunächst noch die Rahmenbedingungen auf technischer und organisatorischer Ebene geschaffen werden, bevor auf das Verhalten der Menschen eingegangen werden kann. Angaben zur Form und zu den Inhalten einer Brandschutzordnung erfolgen schließlich erst auf der Ebene der „anerkannten Regeln der Technik“ – und zwar in der DIN 14096 „Brandschutzordnung“.

Europarecht

Bei den von der Europäischen Union verabschiedeten Rechtsakten unterscheidet man zwischen einem Primär- und einem Sekundärrecht. Während das Primärrecht die grundlegende Funktionsweise der Europäischen Union regelt, beinhaltet das Sekundärrecht diejenigen Rechtsakte, die auf Grundlage des Primärrechts von den Organen der Europäischen Union erlassen wurden. Das Sekundärrecht ist also das vom Primärrecht abgeleitete Recht, das nicht gegen das Primärrecht verstoßen darf. Artikel 288 des Vertrags über die Arbeitsweise der Europäischen Union (AEUV) sieht folgende Rechtsakte vor:

„Für die Ausübung der Zuständigkeiten der Union nehmen die Organe Verordnungen, Richtlinien, Beschlüsse, Empfehlungen und Stellungnahmen an.

Die Verordnung hat allgemeine Geltung. Sie ist in allen ihren Teilen verbindlich und gilt unmittelbar in jedem Mitgliedstaat.

Die Richtlinie ist für jeden Mitgliedstaat, an den sie gerichtet wird, hinsichtlich des zu erreichenden Ziels verbindlich, überlässt jedoch den innerstaatlichen Stellen die Wahl der Form und der Mittel.

Beschlüsse sind in allen ihren Teilen verbindlich. Sind sie an bestimmte Adressaten gerichtet, so sind sie nur für diese verbindlich.

Die Empfehlungen und Stellungnahmen sind nicht verbindlich.“

(Quelle: https://dejure.org/gesetze/AEUV/288.html)

Dieses Sekundärrecht gilt als Basis für das Nationale Recht, das unter dem Sekundarrecht einzuordnen ist und den Vorgaben des Sekundärrechts nicht widersprechen darf. Ergänzungen und Detaillierungen der Anforderungen aus dem Sekundärrecht sind jedoch erlaubt und erwünscht.

Bzgl. des Arbeitsschutzes, zu dem auch der Brandschutz gehört, greift hier die Richtlinie 89/391/EWG. Diese Arbeitsschutz-Rahmenrichtlinie definiert Maßnahmen zur Verbesserung der Arbeitnehmer-Sicherheit und des Gesundheitsschutzes bei der Arbeit. Eine Aussage zur Erstellung einer Brandschutzordnung existiert auf dieser Sekundärrechtsebene jedoch nicht. Das macht es erforderlich, auf Basis dieser Richtlinie nun in das Nationale Recht Deutschlands zu schauen.

Nationales Recht

Wie der deutsche Rechtswissenschaftler Walter Frenz deutlich macht, darf das Nationale Recht dem Europäischen Recht nicht widersprechen:

„*Der Vorrang des europäischen vor dem nationalen Recht ist wesentlich starker ausgeprägt als der des Völkerrechts. In Form von Verträgen muss es nach Maßgabe von Art. 59 Abs. 2 GG erst über ein nationales Zustimmungsgesetz in die innerstaatliche Rechtsordnung transformiert werden. Die allgemeinen Regeln des Völkerrechts sind nach Art. 25 GG Bestandteil des Bundesrechts und gehen den einfachen Gesetzen vor, nicht aber der Verfassung. Demgegenüber ist das europäische Recht nach dem EuGH durchgehend und uneingeschränkt vorrangig, auch gegenüber nationalem Verfassungsrecht. Innerstaatliche Rechtsvorschriften, die dem Unionsrecht widersprechen, dürfen im konkreten Fall nicht angewendet werden*". (Frenz, 2011, S. 37)

Somit sind auch die Vorgaben des Europäischen Rechtes einzuhalten. Daher baut z. B. das deutsche Arbeitsschutzrecht auf der oben genannten Arbeitsschutz-Richtlinie 89/391/EWG auf. Um u. a. die EU-Richtlinie zu erfüllen, hat der deutsche Staat das Arbeitsschutzgesetz (ArbSchG) verabschiedet, welches durch das Arbeitssicherheitsgesetz (ASiG) ergänzt wird. Doch auch auf dieser Ebene wird noch keinerlei Aussage zur Brandschutzordnung getroffen, sodass nun die nachfolgende Ebene, die deutschen Verordnungen, betrachtet wird.

Verordnungen

Tatsächlich findet sich in der Arbeitsstättenverordnung (ArbStättV) ein Hinweis auf den empfohlenen Umgang der Beschäftigten eines Unternehmens mit Gefahren. Dieser besagt bei näherem Hinsehen aber nur, dass für Arbeitsstätten geeignete und ausreichende Informationen zum Brandschutz an die anwesenden Personen innerhalb des Betriebes bzw. Gebäudes weiterzugeben sind:

„*(1) Der Arbeitgeber hat den Beschäftigten ausreichende und angemessene Informationen anhand der Gefährdungsbeurteilung in einer für die Beschäftigten verständlichen Form und Sprache zur Verfügung zu stellen über [...]*

2. alle gesundheits- und sicherheitsrelevanten Fragen im Zusammenhang mit ihrer Tätigkeit,

3. Maßnahmen, die zur Gewährleistung der Sicherheit und zum Schutz der Gesundheit der Beschäftigten durchgeführt werden müssen." (ArbStättV § 6, (1))

Die explizite Erstellung einer Brandschutzordnung ist auch hier nicht gefordert. Dies führt zur nächst tieferen Ebene in der Rechtsprechungs-Hierarchie.

Allgemeine verwaltungstechnische Vorschriften/Erlasse

Explizit gefordert wird die Brandschutzordnung erstmals auf der Ebene der länderspezifischen Rechtsvorschriften. Diese findet man in den Mustervorschriften und Mustererlassen der Bauministerkonferenz (IS-Argebau). Da sie jedoch nicht in jedem Bundesland umgesetzt sind, ist eine Recherche in den Landesbauvorschriften unvermeidlich. Folgende Übersicht zeigt die aktuell geltenden Mustervorschriften und -erlasse, in denen eine Brandschutzordnung gefordert wird:

- Muster-Industriebaurichtlinie MIndBauRL Kapitel 5.14.4
  „Der Betreiber eines Industriebaus hat im Einvernehmen mit der Brandschutzdienststelle in Abhängigkeit von der Art oder Nutzung des Betriebes, stets jedoch bei Industriebauten mit einer Summe der Grundflächen der Geschosse aller Brandabschnitte bzw. aller Brandbekämpfungsabschnittsflächen von insgesamt mehr als 2.000 m², eine Brandschutzordnung aufzustellen."
- Muster-Beherbergungsstättenverordnung (MBeVO) § 12
  „Für Beherbergungsstätten mit mehr als 60 Gastbetten sind im Einvernehmen mit der für den Brandschutz zuständigen Dienststelle eine Brandschutzordnung zu erstellen (...)"
- Muster-Hochhausrichtlinie (MHHR) Kapitel 9.2
  „Im Einvernehmen mit der Brandschutzdienststelle ist eine Brandschutzordnung aufzustellen und durch Aushang bekannt zu machen. (...)"
- Muster-Verkaufsstättenverordnung (MVKVO) § 27
  „Der Betreiber einer Verkaufsstätte hat im Einvernehmen mit der Brandschutzdienststelle eine Brandschutzordnung aufzustellen."
- Muster-Versammlungsstättenverordnung (MVStättVO) § 42
  „Der Betreiber oder ein von ihm Beauftragter hat im Einvernehmen mit der Brandschutzdienststelle eine Brandschutzordnung (...) aufzustellen."
- Muster-Schulbau-Richtlinie (MSchulbauR) Kapitel 11
  „Der Betreiber der Schule muss im Einvernehmen mit der für den Brandschutz zuständigen Dienststelle Feuerwehrpläne und eine Brandschutzordnung anfertigen und der örtlichen Feuerwehr zur Verfügung stellen."

Die in den einzelnen Bundesländern geltenden Bauordnungen und Richtlinien können von den oben genannten Musterbauordnungen und -richtlinien abweichen. Daher ist eine Recherche in den länderspezifischen Richtlinien unvermeidlich.

Tabelle 2.1 zeigt die Links zu den jeweiligen länderspezifischen Bauordnungen. Die Tabelle kann über den Downloadbereich des Buches heruntergeladen werden, damit die Links direkt angeklickt werden können.

Die entsprechenden Bauordnungen und Baurichtlinien der Länder erwähnen zwar die Notwendigkeit von Brandschutzordnungen, sie beinhalten jedoch keinerlei Vorgaben an deren Erstellung und Inhalt. Somit muss ein Blick in die nächste Ebene der Hierarchie, die anerkannten Regeln der Technik, geworfen werden, um Aussagen zu Form und Inhalt einer Brandschutzordnung zu erhalten.

Tabelle 2.1: Linkliste der Bauordnungen der Bundesländer

Bundesland	**Bauordnung**
Baden-Württemberg	https://mlw.baden-wuerttemberg.de/de/bauen-wohnen/baurecht/bauordnungsrecht Direktlink auf die immer gültige Fassung: https://www.landesrecht-bw.de/jportal/?quelle=jlink&query=BauO+BW&psml=bsbawueprod.psml&max=true
Bayern	https://www.stmb.bayern.de/buw/baurechtundtechnik/bauordnungsrecht/vorschriftenundrundschreiben/index.php Direktlink auf die immer gültige Fassung: https://www.gesetze-bayern.de/Content/Document/BayBO
Berlin	https://www.berlin.de/sen/sbw/service/rechtsvorschriften/bereich-bauen/bauaufsicht/ Direktlink auf die immer gültige Fassung: https://gesetze.berlin.de/perma?j=BauO_BE
Brandenburg	https://www.landesrecht.brandenburg.de/dislservice/public/index.jsp
Bremen	https://www.transparenz.bremen.de/vorschriften-72741
Hamburg	Bauordnungsrecht https://www.hamburg.de/baugenehmigung/135262/start-bauordnungsrecht/
Hessen	Hessische Bauordnung https://wirtschaft.hessen.de/Themen-A-Z/Hessische-Bauordnung
Mecklenburg-Vorpommern	Bauordnungsrecht https://www.regierung-mv.de/Landesregierung/im/Bau/Planen-und-Bauen/Bauordnungsrecht/
Niedersachsen	Niedersächsische Bauordnung https://www.mw.niedersachsen.de/startseite/themen/bauen_wohnen/bauordnungsrecht_bautechnik_und_gebaudeenergierecht/nbauo/niedersachsische-bauordnung-nbauo-217310.html Direktlink auf die immer gültige Fassung: https://voris.wolterskluwer-online.de/browse/document/cite/102e3c10-c202-3644-a645-fbdef33f301f
Nordrhein-Westfalen	Direktlink auf die immer gültige Fassung: https://recht.nrw.de/lmi/owa/br_text_anzeigen?v_id=74820170630142752068
Rheinland-Pfalz	https://fm.rlp.de/de/themen/bauen-und-wohnen/baurecht-und-bautechnik/bauvorschriften/
Saarland	https://www.saarland.de/mibs/DE/portale/bauenundwohnen/informationen/bauaufsicht-technik/baurecht/baurecht_node.html
Sachsen	https://www.revosax.sachsen.de/vorschrift/1779-SaechsBO
Sachsen-Anhalt	https://www.landesrecht.sachsen-anhalt.de/bsst/document/jlr-BauO0ST2013rahmen Direktlink auf die immer gültige Fassung: https://www.landesrecht.sachsen-anhalt.de/perma?j=BauO_ST
Schleswig-Holstein	https://www.schleswig-holstein.de/DE/fachinhalte/B/bauen/bauordnung.html Direktlink auf die immer gültige Fassung: https://www.gesetze-rechtsprechung.sh.juris.de/perma?j=BauO_SH
Thüringen	https://www.landesrecht.thueringen.de/bsth/search

Anerkannte Regeln der Technik

Der Begriff „anerkannte Regeln der Technik" ist in der DIN EN 45020 „Normung und damit zusammenhängende Tätigkeiten - Allgemeine Begriffe" (2007) definiert. Dort heißt es:

„1.5 Anerkannte Regel der Technik –

technische Festlegung, die von einer Mehrheit repräsentativer Fachleute als Wiedergabe des Standes der Technik angesehen wird.

ANMERKUNG: Ein normatives Dokument zu einem technischen Gegenstand wird zum Zeitpunkt seiner Annahme als der Ausdruck einer Anerkannten Regel der Technik anzusehen sein, wenn es in Zusammenarbeit der betroffenen Interessen durch Umfrage- und Konsensverfahren erzielt wurde. […]"

Eine zusätzliche Forderung ist, dass diese Normen für die Öffentlichkeit zugänglich sind.

Gemäß dem Beschluss des Bundesverfassungsgerichtes vom 8.8.1978 (2 BvL 8/77; OVG NRW) gilt ein sogenanntes Drei-Stufen-Verhältnis:

1. Auf der untersten Stufe sind die **anerkannten Regeln der Technik** anzusiedeln, die allgemeinen anerkannt sein müssen und wegen ihres breiten fachlichen Konsenses erst relativ spät Neuerungen und technische Fortschritte aufgreifen.
2. Dynamischer ist der **Stand der Technik** auf der zweiten Stufe, der auf eine solche Anerkennung verzichtet und deshalb technischen Neuerungen schneller zur Durchsetzung verhilft.
3. Der **Stand von Wissenschaft und Technik** hingegen umfasst die neuesten technischen und wissenschaftlichen Erkenntnisse und wird nicht durch das gegenwärtig Realisierte und Machbare begrenzt. Er ist deshalb der höchste, aber auch am schwierigsten zu ermittelnde Standard, da im Einzelfall der technische und wissenschaftliche Erkenntnisstand unter Entscheidung von Streitfragen präzisiert werden muss. Er dient zugleich dem bestmöglichen Grundrechtsschutz.

Die **anerkannten Regeln der Technik** unterscheiden sich vom **Stand der Technik** und dem **Stand von Wissenschaft und Technik.** Die beiden letzteren Begriffe beinhalten jeweils die neuesten verfügbaren Methoden, welche sich aber bislang weder durchgesetzt noch bewährt haben.

Zu 1 gehört z. B. der technische Arbeitsschutz inklusive der Technischen Regeln im Arbeitsschutz und umfasst alle Bereiche, die die Sicherheit der Beschäftigten bei der Arbeit berühren. Dazu gehören:

- Technische Regeln für Arbeitsstätten (ASR)
- Regeln zum Arbeitsschutz auf Baustellen (RAB)
- Technische Regeln für Betriebssicherheit (TRBS)
- Technische Regeln für Biologische Arbeitsstoffe (TRBA)
- Technische Regeln für Gefahrstoffe (TRGS)
- Technische Regeln zur Lärm- und Vibrationsverordnung (TRLV)
- Technische Regeln zur Arbeitsschutzverordnung zu künstlicher optischer Strahlung (TROS)
- Technische Regeln zur Arbeitsschutzverordnung zu elektromagnetischen Feldern (TREMF)

Diese werden vom Bundesministerium für Arbeit und Soziales veröffentlicht. Die Bundesanstalt für Arbeitsmedizin und Arbeitsschutz (BAuA) wirkt bei der Regelsetzung und Normung mit. Veröffentlicht werden die oben genannten Technischen Regeln auf der Webseite der BAuA.

Zu diesen zählen weiterhin folgende Regelwerke bzw. Schriftstücke:

- DIN-Normen des Deutschen Instituts für Normung e. V.
- Einheitliche technische Baubestimmungen (ETB) des Instituts für Bautechnik
- Richtlinien aus dem Verein Deutscher Ingenieure (VDI-Richtlinien)
- Vorschriften des Verband Elektrotechnik, Elektronik, Informationstechnik e. V. (VDE-Vorschriften)
- Richtlinien des Deutschen Vereins des Gas- und Wasserfaches e. V. (DVGW-Richtlinien)
- VdS-Richtlinien
- Herstellervorschriften und -richtlinien

Die anerkannten Regeln der Technik haben gleichzeitig erhebliche Bedeutung für die Bestimmung der Soll-Eigenschaften von Sachen und gelten als Haftungsmaßstab im Falle einer Nichtbeachtung oder Nichtbefolgung.

Mit dem Stand der Technik werden technische Regeln bezeichnet, welche den entsprechenden ausgebildeten Fachleuten bekannt sind und ebenfalls wissenschaftlich richtig und unanfechtbar sind.

Mit dem Stand der Wissenschaft und Technik werden technische Regeln bezeichnet, welche wissenschaftlich richtig und unanfechtbar sind.

In allen zuvor genannten Regelwerken gibt es keine Vorgaben bzgl. der Erstellung einer Brandschutzordnung. Nur in der DIN 14096 „Brandschutzordnung" sind die Mindestinhalte und die Gliederung für die Erstellung der Brandschutzordnung festgelegt. Die DIN 14096 ist wie ein Leitfaden zu sehen, der dem Ersteller eine umfassende Hilfestellung bei der Erstellung einer Brandschutzordnung gibt. Dem Anspruch einer Brandschutzordnung, nämlich den betroffenen Personen Informationen zu deren Sicherheit und Verhalten zu geben, können die Erstellenden auf diese Weise gut gerecht werden.

Die DIN 14096 legt großen Wert auf die Aktualität der Brandschutzordnung. Die Brandschutzordnung besteht aus den Teilen A, B und C, die jeweils andere Zielgruppen ansprechen:

- Teil A richtet sich an alle im Gebäude oder Betrieb anwesenden Personen. Der Umfang dieses Teiles entspricht einer DIN-A4-Seite. Er ist öffentlich auszuhängen, sodass er für jede Person sichtbar ist. Ein Musterbeispiel für den Aushang findet sich im Anhang.
- Teil B richtet sich vor allem an die Mitarbeitenden in dem entsprechenden Gebäude oder Betrieb und enthält u. a. Angaben zur Verhinderung von Brand- oder Rauchausbreitungen sowie zur Freihaltung von Flucht- und Rettungswegen. Dieser Teil ist allen Mitarbeitenden mittels Unterweisung näherzubringen. Ein Musterbeispiel für den Inhalt findet sich im Anhang.
- Teil C richtet sich an Personen, die neben ihren allgemeinen Aufgaben und Pflichten mit besonderen Aufgaben im Brandschutz betraut sind (z. B. Brandschutzbeauftragte und Brandschutzhelfer).

Die folgenden Kapitel werden auf

- Allgemeine Anforderungen,
- Teil A,
- Teil B und
- Teil C

der Brandschutzordnung eingehen.

3 Vorbereitungen zur Erstellung einer Brandschutzordnung

Bevor in die Erstellung einer Brandschutzordnung eingestiegen wird, sind Recherchen bzw. die Beschaffung von Informationen erforderlich, die für die Inhalte benötigt werden. Die erstellende Person muss die Fachkunde gemäß DIN 14096 haben und nachweisen können. Hierzu zählen beispielsweise der nach DGUV Information 205-003 (2014) ausgebildete Brandschutzbeauftragte oder Fachkundige, die eine entsprechende Fortbildung zur DIN 14096 erfolgreich absolviert haben. Die Erstellenden der Brandschutzordnung sind in der Pflicht, für eine erfolgreiche Recherche bei der Auftraggeberseite oder bei von dieser benannten Person die für die Brandschutzordnung notwendigen Informationen zu erfragen. Dabei kann es erforderlich sein, sich auch mit den entsprechenden Brandschutzbehörden, Bauämtern etc. in Verbindung zu setzen. Liegen diese Informationen lückenlos vor, gestaltet sich die Erstellung der Brandschutzordnung deutlich einfacher. Die benötigten Informationen teilen sich auf in rechtliche, meist bauliche Vorgaben, die den Rahmen bilden sowie organisatorische und inhaltliche Vorgaben, die durch den Betrieb oder die Einrichtung selbst gegeben sind.

3.1 Bauliche Vorgaben

In den deutschen Regelwerken gibt es mehrere inhaltliche Vorgaben, die bei der Erstellung einer Brandschutzordnung berücksichtigt werden müssen. Enthalten sein müssen so beispielsweise die folgenden Themenkomplexe:

- Gebäudeklassen
- Sonderbauten
- Bauliche und technische Maßnahmen im Rahmen des Brandschutzes
- Löschwasserversorgung
- Löschwasserrückhaltung
- Flächen für die Feuerwehr

Im Folgenden wird auf die wichtigsten Inhalte dieser Themenkomplexe eingegangen.

Gebäudeklassen

In Deutschland orientieren sich viele Brandschutzvorgaben u. a. an den 5 existierenden Gebäudeklassen (siehe Tabelle 3.1). Je höher die Gebäudeklasse, desto umfangreicher sind die Brandschutzvorgaben, die sich dann auch in der Brandschutzordnung wiederfinden. Die Zuordnung des Gebäudes zu einer Gebäudeklasse ermöglicht das Ermitteln der für diese Gebäudeklasse geltenden Brandschutzvorgaben. Hierzu gibt § 2 Abs. 2 MBO Auskunft:

„Gebäude sind selbstständig benutzbare, überdeckte bauliche Anlagen, die von Menschen betreten werden können und geeignet oder bestimmt sind, dem Schutz von Menschen, Tieren oder Sachen zu dienen."

Tabelle 3.1: Gebäudeklassen gemäß MBO (Quelle: Laschinsky/Wiemann, 2021)

Gebäude-klasse	Definition
1	• freistehende Gebäude mit einer Höhe bis zu 7 m und nicht mehr als 2 Nutzungseinheiten von insgesamt nicht mehr als 400 m² und • freistehende land- oder forstwirtschaftlich genutzte Gebäude
2	Gebäude mit einer Höhe bis zu 7 m und nicht mehr als 2 Nutzungseinheiten von insgesamt nicht mehr als 400 m²
3	sonstige Gebäude mit einer Höhe bis zu 7 m
4	Gebäude mit einer Höhe bis zu 13 m und Nutzungseinheiten mit jeweils nicht mehr als 400 m²
5	sonstige Gebäude einschließlich unterirdischer Gebäude

Die in Tabelle 3.1 angegebenen Höhen eines Gebäudes werden bis zur Fußbodenoberkante des höchstgelegenen Geschosses, in dem ein Aufenthaltsraum möglich ist, gemessen. Bei der Berechnung der Brutto-Grundflächen werden die Flächen der Kellergeschosse nicht berücksichtigt.

Sonderbauten

Nachdem bekannt ist, wie Gebäude in Gebäudeklassen einzuordnen sind, ist nun zu prüfen, ob das Gebäude unter die Kategorie Sonderbauten fällt. Auch hierzu liefert § 3 der MBO in Abs. 4 die entsprechenden Informationen. Zu Sonderbauten zählen Gebäude, Anlagen und Räume, die unter eine besondere Art oder Nutzung fallen. Dabei haben diese die in Tabelle 3.2 genannten Tatbestände zu erfüllen, um als Sonderbau zu gelten:

Tabelle 3.2: Sonderbauten gemäß MBO (Quelle: Laschinsky/Wiemann, 2021)

Lfd. Nr.	Tatbestand
1	Hochhäuser (Gebäude mit einer Höhe nach Absatz 3 Satz 2 von mehr als 22 m)
2	bauliche Anlagen mit einer Höhe von mehr als 30 m
3	Gebäude mit mehr als 1.600 m² Grundfläche des Geschosses mit der größten Ausdehnung, ausgenommen Wohngebäude und Garagen
4	Verkaufsstätten, deren Verkaufsräume und Ladenstraßen eine Grundfläche von insgesamt mehr als 800 m² haben
5	Gebäude mit Räumen, die einer Büro- oder Verwaltungsnutzung dienen und einzeln eine Grundfläche von mehr als 400 m² haben
6	Gebäude mit Räumen, die einzeln für die Nutzung durch mehr als 100 Personen bestimmt sind
7	Versammlungsstätten a) mit Versammlungsräumen, die insgesamt mehr als 200 Besucher fassen, wenn diese Versammlungsräume gemeinsame Rettungswege haben, b) im Freien mit Szenenflächen sowie Freisportanlagen jeweils mit Tribünen, die keine Fliegenden Bauten sind und insgesamt mehr als 1.000 Besucher fassen

Tabelle 3.2: Fortsetzung

Lfd. Nr.	Tatbestand
8	Schank- und Speisegaststätten mit mehr als 40 Gastplätzen in Gebäuden oder mehr als 1.000 Gastplätzen im Freien, Beherbergungsstätten mit mehr als 12 Betten und Spielhallen mit mehr als 150 m^2 Grundfläche
9	Gebäude mit Nutzungseinheiten zum Zwecke der Pflege oder Betreuung von Personen mit Pflegebedürftigkeit oder Behinderung, deren Selbstrettungsfähigkeit eingeschränkt ist, wenn die Nutzungseinheiten a) einzeln für mehr als 6 Personen oder b) für Personen mit Intensivpflegebedarf bestimmt sind, oder c) einen gemeinsamen Rettungsweg haben und für insgesamt mehr als 12 Personen bestimmt sind
10	Krankenhäuser
11	sonstige Einrichtungen zur Unterbringung von Personen sowie Wohnheime
12	Tageseinrichtungen für Kinder, Menschen mit Behinderung und alte Menschen, ausgenommen Tageseinrichtungen einschließlich Tagespflege für nicht mehr als 10 Kinder
13	Schulen, Hochschulen und ähnliche Einrichtungen
14	Justizvollzugsanstalten und bauliche Anlagen für den Maßregelvollzug
15	Camping- und Wochenendplätze
16	Freizeit- und Vergnügungsparks
17	Fliegende Bauten, soweit sie einer Ausführungsgenehmigung bedürfen
18	bauliche Anlagen, deren Nutzung durch Umgang oder Lagerung von Stoffen mit Explosions- oder erhöhter Brandgefahr verbunden ist
19	Anlagen und Räume, die in den Nummern 1 bis 18 nicht aufgeführt und deren Art oder Nutzung mit vergleichbaren Gefahren verbunden sind

Anhand dieser Tabelle ist es möglich, zu entscheiden, ob das Gebäude als Sonderbau gilt. Dadurch ergeben sich weitere brandschutzrelevante bauliche Vorgaben, die im Rahmen einer Brandschutzordnung zu berücksichtigen sind.

Bauliche und technische Maßnahmen im Rahmen des Brandschutzes

Hier ist zu ermitteln, welche baulichen Einrichtungen für den Brandschutz in dem Gebäude existieren. Zusätzlich sind bei den meisten dieser Einrichtungen deren Funktionsweisen in Erfahrung zu bringen. Dabei kann die MBO als Unterstützung für bauliche Einrichtungen dienen. Hier wäre beim Gebäudebetreiber in Erfahrung zu bringen, welche baulichen und auch technischen Einrichtungen verbaut oder zusätzlich genutzt werden.

Zu den baulichen und technischen Einrichtungen gehören beispielsweise

- Feuerschutzabschlüsse,
- Rauchschutzabschlüsse,
- Rauch- und Wärmeabzugsanlagen.

Zu den technischen Einrichtungen gehören beispielsweise

- Handfeuermelder (nichtautomatische Brandmelder),
- Wandhydranten,
- Feuerlöschgeräte,
- Löschanlagen,
- Alarmierungsanlagen.

Feuerschutzabschlüsse

Ist es erforderlich, durch Wände oder Decken Versorgungsleitungen oder auch Transportbänder zu führen, muss geprüft werden, ob diese Öffnungen mit sogenannten Feuerschutzabschlüssen versehen werden müssen. Diese müssen selbstschließend sein und dienen dazu, im Ereignisfall (Brandfall) ein Durchdringen von Feuer zu verhindern. Die DIN 4102 „Brandverhalten von Baustoffen und Bauteilen; Feuerschutzabschlüsse, Abschlüsse in Fahrschachtwänden und gegen Feuer widerstandsfähige Verglasungen, Begriffe, Anforderungen und Prüfungen“ definiert in Teil 5, was zu Feuerschutzabschlüssen gehört. Sollen diese ganz oder zeitweilig offen bleiben, müssen diese Feuerschutzabschlüsse mit zugelassenen Feststellanlagen versehen sein, die im Falle eines Brandes mittels eines Detektors die Schließung bewirken.

Zu Feuerschutzabschlüssen zählen:

- Wandklappen
- Deckenklappen
- Schiebetüren und -tore
- Hubtüren und -tore
- Rolltore
- Feuerschutzabschlüsse im Zuge bahngebundener Förderanlagen

Rauchschutzabschlüsse

Rauchschutzabschlüsse dienen nicht dazu, den Durchtritt von Feuer, sondern die Ausbreitung des beim Feuer entstehenden Rauches für einen gewissen Zeitraum zu verhindern. Zu den Rauchschutzabschlüssen zählen Rauchschutztüren, die jedoch nicht vollkommen rauchdicht sind. Auch Rauchschutztüren müssen selbstschließend sein und können, genauso wie Feuerschutztüren, mit einer zugelassenen Feststellanlage ausgestattet sein. Die Anforderungen an Rauchschutztüren sind in DIN 18095-1 „Türen; Rauchschutztüren; Begriffe und Anforderungen“ (1988) festgelegt.

Rauch- und Wärmeabzugsanlagen

Eine Rauch- und Wärmeabzugsanlage (RWA) dient zur Abführung von Brandrauch aus Gebäuden. Eine komplette Rauch- und Wärmeabzugsanlage setzt sich aus den einzelnen Rauch- und Wärmeabzugsgeräten (RWG), den Auslöse- und Bedienelementen, der Energieversorgung, den Leitungen, der Zuluftversorgung und bei größeren Räumen den Rauchschürzen zusammen.

Es gibt folgende Arten von Rauch- und Wärmeabzugsanlagen:

- natürliche Rauchabzugsanlagen (NRA)
- maschinelle Rauchabzugsanlagen (MRA)
- Rauch-Differenzdruckanlagen (RDA)
- Garagenentrauchungen
- Aufzugsschachtentrauchungen
- Wärmeabzüge (WA)

Handfeuermelder

Handfeuermelder dienen zur Alarmierung z. B. im Falle eines Brandereignisses und werden im Verlauf der Flucht- und Rettungswege und an Ausgängen angeordnet. Sie werden in der Regel manuell ausgelöst und sind u. a. nach DIN EN 54 „Brandmeldeanlagen" (2021) auszuführen. Nicht in Betrieb befindliche Handfeuermelder sind entsprechend zu kennzeichnen („Außer Betrieb"), damit Mitarbeitenden oder anderen vor Ort anwesenden Personen klar ist, dass eine Alarmierung im Falle der Betätigung nicht erfolgt.

Wandhydranten

Wandhydranten werden meist dort gefordert, wo hohe Mengen an Löschwasser benötigt werden (z. B. Großgaragen). Ermittelt wird dies anhand der Höhe der Brandgefährdung.

Feuerlöschgeräte

Feuerlöschgeräte sind in der Regel Kleinlöschgeräte, die zum Ablöschen von Entstehungsbränden dienen. Sie enthalten ein Löschmittel, welches meist durch Druck ausgestoßen wird. Hierzu zählen vor allem Feuerlöscher. Je nach Einsatzgebiet gibt es unterschiedliche Feuerlöscherarten.

Löschanlagen

Löschanlagen zählen zu den Maßnahmen, die für den vorbeugenden technischen Brandschutz erforderlich sein können. Sie dienen zur selbsttätigen Löschung oder Eindämmung von Bränden. Stationäre (ortsfeste) Feuerlöschanlagen bestehen aus einem Rohrleitungssystem mit geeigneten Ausgabevorrichtungen (Beispiele: Sprinkler, Löschdüse), über die das Löschmittel ausgetragen wird. Sie werden entweder automatisch indirekt durch Brandmelde- und Löschsteueranlagen oder direkt durch mechanische Branderkennungs- und Auslöseelemente (Beispiele: Glasfass, Schmelzlot) oder auch manuell ausgelöst.

Folgende Löschanlagen gibt es:

- Sprinkleranlagen
- Sprühwasseranlagen
- Feinsprühlöschanlagen
- Schaumlöschanlagen
- Gaslöschanlagen
- Sonderlöschanlagen: ESFR-Sprinkleranlagen, selbsttätige Löschhilfeanlagen
- halbstationäre Löschanlagen

Alarmierungsanlagen

Alarmierungsanlagen werden in der Regel in ausgedehnten baulichen Anlagen und in baulichen Anlagen mit vielen Nutzenden eingesetzt. Gefährdete Personen sollen schnell über einen bestehenden Gefahrenzustand informiert werden. Eine Alarmierung über Personen würde sehr viel Zeit in Anspruch nehmen und zu einer Erhöhung der Gefährdung für die anwesenden Personen führen, da sich diese nicht rechtzeitig in Sicherheit bringen könnten.

Löschwasserversorgung

Genau wie der Brandschutz ist die Zuständigkeit für die Löschwasserversorgung nicht bundeseinheitlich geregelt. Eigentlich ist dies eine Aufgabe der Gemeinde, jedoch gibt es auch Bundesländer, in denen hierzu eine Regelung fehlt. Meist wird diese Aufgabe durch private Wasserversorgungsunternehmen wahrgenommen. In den Bundesländern existieren hierzu verschiedenste Regelungen (siehe Tabelle 3.3.):

Tabelle 3.3: Zuständigkeiten und Pflichten bei der Löschwasserversorgung

Bundesland	**Zuständigkeit und Pflicht**
Baden-Württemberg	§ 3 Abs. 1 Satz 3 Feuerwehrgesetz Baden-Württemberg (FwG BW): Die Gemeinde hat für die ständige Bereithaltung von Löschwasservorräten zu sorgen. § 3 Abs. 3 Satz 2 FwG BW: Der Bürgermeister kann Besitzer und Eigentümer bestimmter Anlagen und Grundstücke verpflichten, eine Löschwasserversorgung zu errichten und zu unterhalten.
Bayern	Art. 1 Abs. 2 Bayerisches Feuerwehrgesetz (BayFwG): Die Gemeinde ist verpflichtet, in ihren Grenzen außerdem die notwendigen Löschwasserversorgungsanlagen bereitzustellen und zu unterhalten.
Berlin	Keine
Brandenburg	§ 3 Abs. 1 Brandenburgisches Brand- und Katastrophenschutzgesetz (BbgBKG): Die Gemeinden müssen eine angemessene Löschwasserversorgung gewährleisten. § 3 Abs. 2 Satz 1 BbgBKG: Die Gemeinden müssen auch die angemessene Löschwasserversorgung bestimmen. § 14 Abs. 1 Satz 3, Abs. 2 BbgBKG: Die Gemeinden können Besitzer, Eigentümer und sonstige Nutzungsberechtigte verpflichten, Löschmittel vorzuhalten.
Bremen	§ 6 Abs. 4 Satz 1 Bremisches Hilfeleistungsgesetz (BremHG): Die Stadtgemeinden haben eine angemessene Löschwasserversorgung sicherzustellen. § 4 Abs. 5 und § 6 BremHG: Die Stadt kann Eigentümer, Besitzer und Betreiber verpflichten, weitere Löschmittel vorzuhalten und zu unterhalten.
Hamburg	Aus dem Hamburgischen Feuerwehrgesetz (FwG HH) ergibt sich keine ausdrückliche Zuständigkeit für die Löschwasserversorgung. § 6 Abs. 6 FwG HH geht davon aus, dass eine öffentliche Löschwasserversorgung existiert. § 6 Abs. 3 FwG HH: Eigentümer, Besitzer und Betreiber baulicher Anlagen können verpflichtet werden, ausreichend Löschmittel vorzuhalten.

Tabelle 3.3: Fortsetzung

Bundesland	Zuständigkeit und Pflicht
Hessen	§ 3 Abs. 1 Nr. 4 Hessisches Brand- und Katastrophenschutzgesetz (HBKG): Die Gemeinde hat für eine angemessene Löschwasserversorgung zu sorgen. § 45 Abs. 3 HBKG: Eigentümer, Besitzer und sonstige Nutzungsberechtigte können verpflichtet werden, eine ausreichende Löschwasserversorgung sicherzustellen. Solange die Verpflichtung noch nicht geschehen ist, ist die Gemeinde weiterhin verpflichtet.
Mecklenburg-Vorpommern	§ 2 Abs. 1 Brandschutz- und Hilfeleistungsgesetz Mecklenburg-Vorpommern (MVBrSchG): Die Gemeinde hat die Löschwasserversorgung sicherzustellen.
Niedersachsen	§ 2 Abs. 1 Satz 3 Nr. 2 Niedersächsisches Brandschutzgesetz (NBrandschG): Die Gemeinde hat für eine Grundversorgung mit Löschwasser zu sorgen. § 2 Abs. 4 Nr. 1 und 2 NBrandschG: Baurechtlich verantwortliche Personen können zur Vorhaltung von Löschmittel verpflichtet werden.
Nordrhein-Westfalen	§ 3 Abs. 2 Satz 2 Brand- und Katastrophenschutzgesetz Nordrhein-Westfalen (BHKG NRW): Die Gemeinde hat für eine angemessene Löschwasserversorgung zu sorgen. § 3 Abs. 2 Satz 3: Eigentümer, Besitzer und sonstige Nutzungsberechtigte können zur Vorhaltung einer besonderen Löschwasserversorgung verpflichtet werden.
Rheinland-Pfalz	Das Landesgesetz über Brand- und Katastrophenschutz Rheinland-Pfalz (LBKG RLP) enthält keine ausdrückliche Zuständigkeitsregelung. § 31 Abs. 2 Nr. 2, Abs. 5 BKG RLP: Eigentümer, Besitzer und sonstige Nutzungsberechtigte können verpflichtet werden, ausreichend Löschmittel oder besondere Löschmittel vorzuhalten.
Saarland	§ 3 Abs. 4 Nr. 3 Saarländisches Brand- und Katastrophenschutzgesetz (SBKG): Die Gemeinde hat für eine dem örtlichen Bedarf angemessene Löschwasserversorgung zu sorgen. § 33 Abs. 2 Satz 3 Nr. 2, Abs. SBKG: Eigentümer, Besitzer und sonstige Nutzungsberechtigte können verpflichtet werden, ausreichend Löschmittel vorzuhalten.
Sachsen	§ 6 Abs. 1 Nr. 4 Sächsisches Brand- und Katastrophenschutzgesetz (SächsBRKG): Die Gemeinde ist für die Sicherstellung der Löschwasserversorgung zuständig. § 55 Abs. 3 Nr. 2 SächsBRKG: Eigentümer, Besitzer und sonstige Nutzungsberechtigte können verpflichtet werden, ausreichend Löschmittel vorzuhalten.
Sachsen-Anhalt	§ 2 Abs. 2 Satz 1 Nr. 1 Brandschutzgesetz Sachsen-Anhalt (BrSchG LSA): Die Gemeinde ist für die ausreichende Löschwasserversorgung zuständig.
Schleswig-Holstein	§ 2 Abs. 1 Brandschutzgesetz Schleswig-Holstein (BrSchG SH): Die Gemeinde hat für eine ausreichende Löschwasserversorgung zu sorgen.
Thüringen	§ 3 Abs. 1 Nr. 4 Thüringisches Brand- und Katastrophenschutzgesetz (ThürBKG): Die Gemeinde hat die Löschwasserversorgung sicherzustellen. § 41 Abs. 2 Nr. 2 ThürBKG: Eigentümer, Besitzer und Betreiber von baulichen Anlagen können verpflichtet werden, ausreichend Löschmittel vorzuhalten.

Löschwasserrückhaltung

Die Organisation der Löschwasserrückhaltung basiert ursprünglich auf der Forderung der Löschwasser-Rückhalte-Richtlinie (LöRüRl, 1992), die allerdings Ende des Jahres 2019 außer Kraft gesetzt wurde. Eine Nachfolgerichtlinie existiert zum jetzigen Zeitpunkt noch nicht, sodass es sich empfiehlt, weiterhin auf die LöRüRl zuzugreifen. Die Intention dieser Richtlinie ist der Schutz der Gewässer vor verunreinigtem Löschwasser. Dieses kann z. B. beim Brand eines Lagers mit wassergefährdenden Stoffen anfallen. Die Erfordernis dieser Richtlinie ergibt sich aus dem Besorgnisgrundsatz des Wasserrechts (vgl. § 62 WHG – Wasserhaushaltsgesetz). Dieser sagt aus, dass verunreinigtes Wasser zurückgehalten und ordnungsgemäß entsorgt werden muss.

Die LöRüRl stellt u. a. Anforderungen an die Löschwasser-Rückhalteanlagen sowie an die Lagerung von Stoffen unterschiedlicher Wassergefährdungsklassen (WGK).

Dabei differenziert man in:

- WGK 1: schwach wassergefährdende Stoffe
- WGK 2: wassergefährdende Stoffe
- WGK 3: stark wassergefährdende Stoffe

Die Einstufung der Stoffe in nicht wassergefährdend und wassergefährdend erfolgt anhand der Vorschriften des Wasserrechts. Die Zuordnung zu Wassergefährdungsklassen ist in der Allgemeinen Verwaltungsvorschrift zum Wasserhaushaltsgesetz über die Einstufung wassergefährdender Stoffe in Wassergefährdungsklassen (VwVwS) niedergeschrieben. In der LöRüRl werden weitere Anforderungen an das Lagern von Stoffen in Verpackungen, ortsbeweglichen Gefäßen und ortsbeweglichen Behältern gestellt.

Flächen für die Feuerwehr

Für bauliche Anlagen sind prinzipiell Zugangsmöglichkeiten für die Feuerwehr vorzusehen. Dies ist in den Landesbauordnungen (LBO) geregelt. Für die baulichen Rahmenbedingungen dieser Zugangsmöglichkeiten ist die Muster-Richtlinie über Flächen für die Feuerwehr auf Grundstücken (MRFlF) zu beachten.

Damit sich die Feuerwehr im Falle eines Brandes auf dem Gelände des Unternehmens zurechtfindet, wird im Rahmen eines Bauantrages oder nach Brandschauen von dem Unternehmer gefordert, Feuerwehrpläne zu erstellen. Diese dienen dazu, Stellflächen für Feuerwehrfahrzeuge, besondere Gefahrenquellen und Angriffspunkte zu kennzeichnen.

3.2 Organisatorische und inhaltliche Vorgaben

Neben den in Kapitel 3.1 genannten baulichen Vorgaben sind für die Erstellung der Brandschutzordnung auch betriebliche, organisatorische und inhaltliche Vorgaben einzuhalten. Die relevanten Informationen dazu können den unterschiedlichsten Dokumenten entnommen werden. Es sind dies zum einen externe Dokumente, die für den Betrieb des Unternehmens erstellt wurden, sowie interne Dokumente, die von dem Unternehmen selbst verfasst wurden (siehe Tabelle 3.4).

Tabelle 3.4: Externe und interne Dokumente mit brandschutzrelevanten Informationen

Externe Dokumente	Interne Dokumente
Brandschutzkonzept	Gefährdungsbeurteilung
Versicherungsbedingungen	Explosionsschutzdokument
Baugenehmigung	• firmeninterne Vorgaben, Anweisungen • firmeninterne Regelungen bzgl. der Verantwortlichkeiten bei Aufgaben im Brandschutz

In den genannten Dokumenten können Vorgaben enthalten sein, die in die Brandschutzordnung zu übertragen sind, da sie Regeln für Mitarbeitende vorgeben und auf das Verhalten in gewissen Situationen Einfluss nehmen.

Brandschutzkonzept

Ein Brandschutzkonzept, synonym oft auch als Brandschutznachweis bezeichnet, wird vor allem bei Sonderbauten gefordert. Fallen Gebäude nicht unter die Sonderbauordnungen der Länder, kann ein Brandschutzkonzept auch durch die zuständigen Behörden eingefordert werden, wenn von den baurechtlichen Anforderungen abgewichen werden soll.

Ein ganzheitliches Brandschutzkonzept führt die Einzelmaßnahmen aus dem vorbeugenden baulichen, anlagentechnischen und organisatorischen sowie aus dem abwehrenden Brandschutz zusammen, unter Berücksichtigung der Gebäudenutzung, der sich daraus ergebenden Brandgefährdung sowie des Aufwandes und des zu erwartenden Schadenausmaßes. Durch diese Brandschutzmaßnahmen sollen folgende Ziele erreicht werden:

- Verhinderung der Entstehung von Bränden
- Begrenzung der Ausbreitung von Feuer und Rauch
- frühzeitiges Erkennen eines Entstehungsbrandes
- Vermeidung von Gefahr für Mensch, Tier und Umwelt
- Verhinderung eines Sachschadens

Gefährdungsbeurteilung

Die Gefährdungsbeurteilung ist eines der wichtigsten Dokumente im Brandschutz und soll die Sicherheit und Gesundheit schützen. Die Gefährdungsbeurteilung ist durch die Arbeitgeberseite zu erstellen. Sie kann sich bei der Erstellung durch interne oder externe Fachleute unterstützen lassen. Meist sind an der Erstellung die Fachkraft für Arbeitssicherheit und der Betriebsarzt bzw. die Betriebsärztin beteiligt. Auch eventuell vorhandene Brandschutzbeauftragte können in Fragen des Brandschutzes unterstützen. Die Gefährdungsbeurteilung ist im Arbeitsschutzgesetz verankert:

„Der Arbeitgeber hat dafür zu sorgen, dass Arbeitsstätten so eingerichtet und betrieben werden, dass Gefährdungen für die Sicherheit und die Gesundheit der Beschäftigten möglichst vermieden und verbleibende Gefährdungen möglichst geringgehalten werden. […]“ (§ 3a Abs. 1 ArbSchG)

Ergänzung:
Der Arbeitgeber hat „*[...] entsprechend der Art der Arbeitsstätte und der Tätigkeiten sowie der Zahl der Beschäftigten alle Maßnahmen zu treffen, die zur Ersten Hilfe, Brandbekämpfung und Evakuierung der Beschäftigten erforderlich sind.*" (§ 10 Abs. 1 ArbSchG)

Daher ist es unbedingt erforderlich, dass für die Erstellung der Brandschutzordnung die Gefährdungsbeurteilung zur Verfügung steht, da diese u. a. wesentliche Brandschutzmaßnahmen für Mitarbeitende enthält.

Versicherungsbedingungen

Vor allem Sachversicherer haben in ihren Versicherungsbedingungen neben baulichen oder anlagentechnischen Vorgaben teilweise auch verhaltensbedingte Vorgaben, z. B. Bestellung von Brandschutzbeauftragten oder Prüfungsfristen von elektrischen Betriebsmitteln. Daher ist es wichtig, auch in den Versicherungsunterlagen zu recherchieren, ob Inhalte in die Brandschutzordnung zu übernehmen sind.

Baugenehmigung

In seltenen Fällen finden sich auch in Baugenehmigungen Vorgaben zum Brandschutz, die in die Brandschutzordnung einzuarbeiten sind. In jedem Fall empfiehlt es sich, einen Blick in die Baugenehmigung zu werfen.

Explosionsschutzdokumente

Die Betriebssicherheitsverordnung (BetrSichV) regelt im Zusammenhang mit der Gefahrstoffverordnung (GefStoffV) unter anderem den Schutz von Beschäftigten vor Explosionsgefährdungen. Im Rahmen der Novellierung beider Verordnungen haben sich Anforderungen an die Gefährdungsbeurteilung und an das Explosionsschutzdokument von der BetrSichV in die GefStoffV verschoben, während die Anforderungen an die Prüfungen von Arbeitsmitteln und überwachungsbedürftigen Anlagen geändert wurden. Die Beurteilung der Explosionsgefährdung („Explosionsschutzdokument") ist nun Bestandteil der Gefährdungsbeurteilung für Gefahrstoffe.

Die Arbeitgeberseite hat festzustellen, ob die verwendeten Stoffe, Gemische, Zubereitungen und/oder Erzeugnisse bei Tätigkeiten zu Brand- oder Explosionsgefährdungen führen können. Verwendete Arbeitsmittel und Verfahren müssen hierbei genauso berücksichtigt werden, wie die Arbeitsumgebung sowie mögliche Wechselwirkungen.

Das Explosionsschutzdokument enthält Explosionsschutzmaßnahmen nach TRGS 720 „Technische Regeln für Gefahrstoffe – Gefährliche explosionsfähige Gemische" Ausgabe: Juli 2020 bzw. nach § 11 Abs. 2 GefStoffV , um Explosionsgefahren zu vermeiden oder einzuschränken. Die Maßnahmen gliedern sich in die folgenden, hier auszugsweise dargestellten vier Bereiche:

- Maßnahmen zur Vermeidung oder Einschränkung der Bildung einer explosionsfähigen Atmosphäre (TRGS 722 [2021])
- Maßnahmen zur Vermeidung von Zündquellen (TRGS 723 [2019])
- Maßnahmen zur Minderung der Auswirkung von Explosionen (TRGS 724 [2019])

- Organisatorische Maßnahmen
  - Kennzeichnung der Bereiche mit erhöhter Brandgefährdung
  - Kennzeichnung der Explosionsschutz-Zonen (Ex-Zonen)
  - Mitarbeitendenqualifikation
  - Betriebsanweisungen und Unterweisungen
  - Koordination, Einweisung

Hinweise zur Ermittlung und Bewertung von Explosionsgefährdungen und zur Ableitung geeigneter Schutzmaßnahmen gibt das staatliche Regelwerk der Technischen Regeln für Gefahrstoffe (TRGS). Die TRGS konkretisieren mit der TRBS 2152 – Teil 1 „Gefährliche explosionsfähige Atmosphäre – Beurteilung der Explosionsgefährdung" die Anforderungen an die Beurteilung von Explosionsgefährdungen. Die bewährte DGUV-R 113-001 „Explosionsschutz-Regeln" enthält zur konkreten Betrachtung von Standardfällen eine ausführliche Beispielsammlung.

Dort, wo Explosionsschutzdokumente erstellt wurden bzw. zu erstellen sind, ist es wichtig, diese in Bezug auf (organisatorische) Maßnahmen zu sichten, die in die Brandschutzordnung zu integrieren sind.

Firmeninterne Vorgaben, Anweisungen

In einigen Betrieben gibt es neben den gesetzlich vorgeschriebenen Regelungen weitere interne Regelungen, die Einfluss auf das Verhalten von Mitarbeitenden haben können und ebenfalls in eine Brandschutzordnung zu integrieren sind. Dazu können z. B. die Bergung von Sachwerten oder das Schließen von Leitungen gehören.

Regelungen bzgl. Verantwortungen der Führungskräfte

Das Unternehmen legt die Aufgaben und Verantwortungen der Führungskräfte fest. Sie haben in dieser Funktion die folgenden Pflichten zu erfüllen:

- Umsetzung der Brandschutzorganisation
- Auswahl geeigneter Mitarbeitender für bestimmte Funktionen und Aufgaben
- Übertragung von Pflichten an nachgeordnete Führungskräfte
- Übertragung von Aufgaben an nachgeordnete Führungskräfte und Funktionsträger

Um eine rechtssichere Übertragung der oben genannten Pflichten zu gewährleisten, muss das Unternehmen die Übertragung der Pflichten schriftlich dokumentieren. Wichtig hierbei ist, dass die Person, der die Pflichten übertragen wurden, dies auch schriftlich mittels Unterschrift bestätigt hat. Das Unternehmen hat mehrere Möglichkeiten, Pflichten an Mitarbeitende zu übertragen:

- Arbeitsvertrag
- Stellen- und Aufgabenbeschreibung, die mit dem Arbeitsvertrag verbunden ist
- schriftliche Aufgabenübertragung mittels eines separaten Dokuments (siehe Abb. 3.1).

Muster-Pflichtenübertragung im Brandschutz

Hiermit übertragen wir gemäß § 13 Abs. 2 Arbeitsschutzgesetz

Frau/Herrn* ____

für den Verantwortungsbereich _________________________________

folgende dem Arbeitgeber obliegenden Pflichten.

Aufgaben

Frau/Herr* _____________________ hat im Rahmen ihrer/seiner* betrieblichen und finanziellen Kompetenzen in eigener Verantwortung insbesondere dafür Sorge zu tragen, dass (Zutreffendes bitte ankreuzen/streichen)

- ☐ die Gefährdungsbeurteilung in Bezug auf den Brandschutz unter Beteiligung der betroffenen Beschäftigten durchgeführt und fortgeschrieben wird,
- ☐ die Beschäftigten vor Arbeitsbeginn zyklisch wiederkehrend und bei besonderen Ereignissen in Themen des Brandschutzes informiert werden,
- ☐ festgestellte Brandschutzmängel unverzüglich beseitigt bzw. entsprechende Informationen und Maßnahmen zu deren Beseitigung eingeleitet werden,
- ☐ eine wirksame Notfallorganisation (Erste Hilfe, Brandschutz und Evakuierung) sichergestellt wird, erforderliches Personal (z. B. Ersthelfer/innen) bestellt ist und für dessen ordnungsgemäße Aus- und Fortbildung gesorgt wird,
- ☐ ____

Befugnisse

Frau/Herr* _____________________ ist befugt, zur Erfüllung ihrer/seiner* vorstehenden Aufgaben (Zutreffendes bitte ankreuzen)

- ☐ verbindliche Weisungen gegenüber den unterstellten Beschäftigten zu erteilen,
- ☐ notwendige Anschaffungen bis zu einem Kostenaufwand von insgesamt Euro _____ pro Jahr zu tätigen.
- ☐ Sofern Anschaffungen über die oben angegebene Summe hinaus notwendig sind, ist unverzüglich Frau/Herr* _____________________ zu informieren, die/der dann die entsprechende Entscheidung zu treffen hat.

Fortbildung

Frau/Herr* _____________________ ist verpflichtet, sich über den aktuellen Inhalt der für ihren/seinen* Aufgabenbereich einschlägigen Rechtsvorschriften zu informieren.

Sie/Er* wird dabei insbesondere von dem Brandschutzbeauftragten unterstützt.

Das Unternehmen stellt sicher, dass sich Frau/Herr* _____________________ das für obige Aufgaben notwendige aktuelle Wissen aneignen kann, so etwa beispielsweise durch den Besuch von Lehrgängen, Fachveranstaltungen und Messen.

Ort ____________________ Datum ______________

______________________ ______________________

Unterschrift des Arbeitgebers Unterschrift des/r Verpflichteten

Eine Ausfertigung dieser Pflichtenübertragung wird dem/der Verpflichteten ausgehändigt.

* Nichtzutreffendes streichen

Abb. 3.1: Muster-Pflichtenübertragung (Quelle: Laschinsky/Wiemann, 2021)

Hinweis: Das Muster zur Pflichtenübertragung steht im Downloadbereich des Buches als Word-Dokument zur Verfügung.

Die Unternehmensleitung als oberste Stufe in der Hierarchie eines Unternehmens ist verantwortlich für alle Belange rund um den Brandschutz und trägt daher auch die Verantwortung für die Sicherheit der Beschäftigten. Sie kann diese Aufgaben an nachgeordnete Führungskräfte delegieren, entbindet sich aber dadurch nicht der Verantwortung. Sie hat weiterhin mittels Aufbau einer geeigneten Brandschutzorganisation ihren Pflichten im Brandschutz nachzukommen. Dies erreicht sie durch die Auswahl geeigneter Funktionsträger (z. B. Brandschutzbeauftragte, Brandschutzhelfende, Evakuierungshelfende) und deren schriftlicher Bestellung mit klarer Aufgaben-, Kompetenz- und Berichtspflichtenzuweisung. Eine solche Brandschutzorganisation muss im Hinblick auf die Erstellung des Teils C der Brandschutzordnung vorhanden sein, da diese eine wesentliche Grundlage ist.

3.3 Menschen mit Behinderungen

Bei der Erstellung einer Brandschutzordnung sollte vorab auch geklärt sein, ob alle Mitarbeitenden die Medien, über die die Brandschutzordnung zur Verfügung gestellt oder kommuniziert wird, nutzen können. Besonders zu erwähnen sind hier Mitarbeitende, die z. B. eine Seh- oder Hörschwäche oder andere Einschränkungen haben, die es ihnen nicht möglich macht, gewisse Medien zu bedienen oder zu nutzen. In diesem Fall hat das Unternehmen Lösungsmöglichkeiten zu entwickeln und umzusetzen, damit dieser Personenkreis ebenfalls die in der Brandschutzordnung enthaltenen Informationen aufnehmen kann.

3.4 Eine oder mehrere Brandschutzordnungen

Existieren mehrere Gebäude, für die jeweils eine Brandschutzordnung zu erstellen ist, sollten sich die Verantwortlichen eines Unternehmens Gedanken darüber machen, ob es sinnvoll ist, nur eine Brandschutzordnung zu erstellen, die dann für alle (oder für mehrere) Gebäude gültig ist. Empfehlenswert ist dies für Gebäude gleicher Art und Nutzung, wie etwa Bürogebäuden. Entscheidungsgrundlage hierfür können sein:

- Sicherheits- und Gesundheitsschutzzeichen
- Warn- und Alarmierungseinrichtungen
- Löscheinrichtungen und Löschgeräte
- Im Gebäude tätige Personen
- Gebäudeart

Für Gebäude gleicher Art und Nutzung empfiehlt es sich, soweit möglich, eine gemeinsame Brandschutzordnung zu erstellen und auf gegebenenfalls vorhandene Unterschiede in der Brandschutzordnung hinzuweisen. Das kann z. B. auch ein unterschiedlicher Alarmierungston sein. Dies ist sinnvoll, da Mitarbeitende in verschiedenen Gebäuden tätig sein können oder durch Umzüge das Gebäude wechseln bzw. gewechselt haben. Sollten in diesem Fall unterschiedliche Brandschutzordnungen für unterschiedliche Gebäude vorliegen, müssten diese Mitarbeitenden neu in die jeweilige Brandschutzordnung unterwiesen werden. Das würde einen hohen administrativen Aufwand mit sich bringen, der jedoch vermeidbar ist. Auch bei allgemeinen Veränderungen müssten dann mehrere Brandschutzordnungen aktualisiert bzw. gepflegt werden.

3.5 Checklisten

Alle Checklisten stehen im Downloadbereich des Buches als Word-Dokument zur Verfügung.

Brandschutzordnung

Muster-Objekt

Checkliste 1 – Informationsrecherche

Kriterien	Ja	Nein	Bemerkung
Ist die Gebäudeklasse ermittelt?	☐	☐	
Fällt das Gebäude unter einen Sonderbau?	☐	☐	
Gibt es eine Übersicht über die baulichen und technischen Brandschutzmaßnahmen?	☐	☐	
Liegen Informationen zur Löschwasserversorgung vor?	☐	☐	
Liegen Informationen zur Löschwasserrückhaltung vor?	☐	☐	
Sind Flächen für die Feuerwehr vorhanden?	☐	☐	
Liegt ein Brandschutzkonzept vor?	☐	☐	
Ist eine Gefährdungsbeurteilung erstellt und liegt diese vor?	☐	☐	
Liegen die Versicherungsbedingungen u.a. des Sachversicherers vor?	☐	☐	
Liegt die Baugenehmigung vor?	☐	☐	
Gibt es ein Explosionsschutzdokument und liegt dieses vor?	☐	☐	
Gibt es intern Vorgaben und Anweisungen zu Brandschutzmaßnahmen und liegen diese vor?	☐	☐	
Gibt es Pflichtenübertragung im Unternehmen und liegen hierfür die Informationen vor?	☐	☐	

____________________ ____________________

(Ort / Datum / Zeit) (Unterschrift des Erstellenden)

Brandschutzordnung

Muster-Objekt

Checkliste 2 – Gebäudeklasse

Gebäudeklasse	Beschreibung	Ja	Bemerkung
1	– freistehende Gebäude mit einer Höhe bis zu 7 m und nicht mehr als 2 Nutzungseinheiten von insgesamt nicht mehr als 400 m^2 und – freistehende land- oder forstwirtschaftlich genutzte Gebäude	☐	
2	Gebäude mit einer Höhe bis zu 7 m und nicht mehr als 2 Nutzungseinheiten von insgesamt nicht mehr als 400 m^2	☐	
3	sonstige Gebäude mit einer Höhe bis zu 7 m	☐	
4	Gebäude mit einer Höhe bis zu 13 m und Nutzungseinheiten mit jeweils nicht mehr als 400 m^2	☐	
5	sonstige Gebäude einschließlich unterirdischer Gebäude	☐	

Anm.: Die angegebenen Höhen eines Gebäudes werden bis zur Fußbodenoberkante des höchstgelegenen Geschosses, in dem ein Aufenthaltsraum möglich ist, gemessen.

____________________ (Ort / Datum / Zeit)

____________________ (Unterschrift des Erstellenden

Brandschutzordnung

Muster-Objekt

Checkliste 3 – Sonderbauten

Sonderbauten	Beschreibung	Ja	Bemerkung
Industriebau	Industriebauten sind Gebäude oder Gebäudeteile im Bereich der Industrie und des Gewerbes, die der Produktion (Herstellung, Behandlung, Verwertung, Verteilung) oder Lagerung von Produkten oder Gütern dienen.	☐	
Garagen	Es sind Garagen mit einer Nutzfläche 1. bis 100 m^2 Kleingaragen, 2. über 100 m^2 bis 1.000 m^2 Mittelgaragen, 3. über 1.000 m^2 Großgaragen.	☐	
Hochhaus	Hochhäuser (Gebäude mit einer Höhe nach Absatz 3 Satz 2 von mehr als 22 m)	☐	
Verkaufsstätten	Verkaufsstätten, deren Verkaufsräume und Ladenstraßen eine Grundfläche von insgesamt mehr als 800 m^2 haben	☐	
Versammlungsstätten	Versammlungsstätten a) mit Versammlungsräumen, die insgesamt mehr als 200 Besucher fassen, wenn diese Versammlungsräume gemeinsame Rettungswege haben, b) im Freien mit Szenenflächen sowie Freisportanlagen jeweils mit Tribünen, die keine Fliegenden Bauten sind und insgesamt mehr als 1.000 Besucher fassen	☐	
Beherbergung	Schank- und Speisegaststätten mit mehr als 40 Gastplätzen in Gebäuden oder mehr als 1.000 Gastplätzen im Freien, Beherbergungsstätten mit mehr als 12 Betten und Spielhallen mit mehr als 150 m^2 Grundfläche	☐	
Wohnformen	Gebäude mit Nutzungseinheiten zum Zwecke der Pflege oder Betreuung von Personen mit Pflegebedürftigkeit oder Behinderung, deren Selbstrettungsfähigkeit eingeschränkt ist, wenn die Nutzungseinheiten a) einzeln für mehr als 6 Personen oder b) für Personen mit Intensivpflegebedarf bestimmt sind, oder c) einen gemeinsamen Rettungsweg haben und für insgesamt mehr als 12 Personen bestimmt sind	☐	
Krankenhäuser	Krankenhäuser	☐	
Bildungseinrichtungen	Schulen, Hochschulen und ähnliche Einrichtungen	☐	

Anm.: Die angegebenen Höhen eines Gebäudes werden bis zur Fußbodenoberkante des höchstgelegenen Geschosses, in dem ein Aufenthaltsraum möglich ist, gemessen.

(Ort / Datum / Zeit) Unterschrift des Erstellenden

4 Brandschutzordnung Teil A

Die in die Teile A, B und C gegliederte Brandschutzordnung regelt das Verhalten von Personen innerhalb eines Gebäudes, eines Unternehmens, eines Betriebes, einer Einrichtung oder auf einem Betriebsgelände. Teil A der Brandschutzordnung besteht aus einem einseitigen Aushang. Dieser Teil ist eine kurze zusammenfassende Information zu Regelungen für das Verhalten von Personen innerhalb eines Gebäudes oder Betriebes im Brandfall. Er ersetzt jedoch nicht die Verhaltensregeln im Brandfall, die wiederum in einem Flucht- und Rettungsplan nach ASR A1.3 „Sicherheits- und Gesundheitsschutzkennzeichnung“ (2013) und DIN ISO 23601 „Sicherheitskennzeichnung – Flucht- und Rettungspläne“ (2021) enthalten sind. Umgekehrt ersetzen die in den Flucht- und Rettungsplänen enthaltenen Verhaltensregeln nicht die Verpflichtung, den Aushang Teil A der Brandschutzordnung zu erstellen und zu veröffentlichen. Teil A richtet sich an alle im Gebäude oder auf dem Gelände befindlichen Personen. Als Aushangort empfiehlt sich immer der Eingangsbereich sowie auf jeder Etage der Bereich gegenüber den Aufzugstüren und gegenüber den Treppenhausausgangstüren. So hat jede Person, die das Gebäude betritt, die Möglichkeit, sich diesen Teil der Brandschutzordnung anzuschauen und durchzulesen.

Die optische Gestaltung von Teil A der Brandschutzordnung wird in DIN 14096 Abschnitt 6 geregelt. Enthalten sind dort Vorgaben zu den folgenden Punkten:

- Bezeichnung
- Anforderungen an das Format
- Anforderungen an die Schrift
- Aufbau
- Kennzeichnung

Da es sich bei DIN 14096 um eine privatrechtliche Norm handelt, kann von den Vorgaben abgewichen werden, wenn die durch die Norm zu erreichenden Schutzziele eingehalten werden. Wichtig ist jedoch, eventuelle Abweichungen zu begründen. Es muss dargelegt werden, warum trotz einer oder mehrerer Abweichungen das gleiche Schutzziel erreicht wird.

4.1 Bezeichnung

Nach Abschnitt 4 DIN 14096 hat die Bezeichnung der Brandschutzordnung Teil A wie folgt zu lauten:

Brandschutzordnung DIN 14096 – A

In den vergangenen Jahren ist es immer mal wieder vorgekommen, dass Brandschutzordnungen rein aus formalen Gründen von den zuständigen Brandschutzbehörden abgelehnt wurden bzw. überarbeitet werden mussten, da die Fachkunde nicht vorhanden ist. Daher ist es empfehlenswert, den exakten Wortlaut der in DIN 14096 genannten Bezeichnung zu verwenden. Dies gilt ebenso für die Teile B und C der Brandschutzordnung.

4.2 Format, Schrift

Der Aushang ist auf eine Seite zu begrenzen und muss ein eigenständiges Dokument sein. Es darf also nicht Bestandteil eines Flucht- und Rettungswegeplanes sein. Der Aushang muss mindestens dem Format A4 entsprechen und mit einem 10 mm breiten Rand versehen sein. Die Farbe des Randes muss der Farbe Rot entsprechen.

Die verwendete Schrift ist Akzidenz-Grotesk gemäß DIN 1451-1 „Schriften – Serifenlose Linear-Antiqua". Die zu verwendende Schriftgröße orientiert sich an dem Seitenformat. Beim Format DIN A4 sind nach DIN 1451 folgende Schriftgrößen einzuhalten:

- Überschrift: Schriftgröße 10
- Schlagworte: Schriftgröße 8
- Text: Schriftgröße 4

Von der Vorgabe der zu verwendenden Schrift kann abgewichen werden, wenn dadurch mindestens die gleiche Leserlichkeit gewährleistet ist. Zu den in diesem Sinne akzeptierten Schriftarten gehören u. a.:

- Helvetica
- Arial
- Univers

Es besteht die Möglichkeit, ein größeres Format als DIN A4 zu nutzen. Wichtig dabei ist, zu beachten, dass alle folgenden Vorgaben proportional zu vergrößern sind.

4.3 Aufbau

Die Inhalte des Teils A müssen die in der Norm enthaltenen Vorgaben zu den Überschriften, Texten und Sicherheitszeichen enthalten. Davon abweichende zusätzliche Überschriften, Texte und Sicherheitszeichen dürfen nicht verwendet werden. Auch fremdsprachliche Texte sind hier nicht gestattet. Bei der Notwendigkeit von Fremdsprachen wird empfohlen, für jede Sprache ein eigenes Dokument zu erstellen, das vom Grundaufbau der deutschen

Version entspricht. Weiterhin wird die richtige Reihenfolge gemäß Norm verlangt.

Die Seite https://www.feuertrutz.de/aushang-verhalten-im-brandfall hält eine umfangreiche Auswahl an Aushängen Teil A in den unterschiedlichsten Sprachen bereit.

Hinweis: Die fremdsprachlichen Texte orientieren sich an der deutschen Version, die ebenfalls auf dieser Webseite zu finden ist. Sollten Änderungen an der deutschen Version nötig sein, müssen diese auch für die fremdsprachige Version geändert werden.

Textliche Inhalte

Auch zu den verwendbaren Texten innerhalb des Aushangs Teil A gibt es nach DIN 14096 strenge Vorgaben:

Als Schlagworte dürfen verwendet werden:

- „Ruhe bewahren“
- „Brand melden“
- „In Sicherheit bringen“
- „Löschversuch unternehmen“

Diese Schlagworte müssen auf der linken Seite des Aushangs platziert sein und dienen dazu, auf den ersten Blick Interesse beim Lesenden zu wecken.

Als Hinweistexte dürfen verwendet werden:

- „Handfeuermelder betätigen“
- (Telefon-Nr. – objektspezifische Notrufnummer(n) berücksichtigen)
- „Gefährdete Personen warnen/Hausalarm betätigen“
- „Hilflose mitnehmen“
- „Türen schließen“
- „Gekennzeichneten Fluchtwegen folgen“
- „Aufzug nicht benutzen“
- „Sammelstelle aufsuchen“ (Sollte das Sicherheitszeichen Sammelplatz (siehe Abb. 4.17) in dem Gebäude vorhanden sein, muss hier der Text „Sammelplatz aufsuchen“ verwendet werden.)
- „Auf Anweisungen achten“
- „Feuerlöscher benutzen“
- „Löschschlauch benutzen“
- „Mittel und Geräte zur Brandbekämpfung nutzen“ (z. B. Löschdecke)

Diese Hinweistexte müssen auf der rechten Seite des Aushangs platziert werden. Sie dienen der Konkretisierung, was mit den Schlagworten erreicht werden soll. Es ist gemäß DIN 14096 zulässig, einen oder mehrere der zuvor genannten Hinweistexte wegzulassen, jedoch dürfen keine zusätzlichen Hinweistexte verwendet werden.

Als Überschriften dürfen verwendet werden:

- „Brände verhüten"
- „Verhalten im Brandfall"

Diese Überschriften müssen mittig auf der Seite des Aushangs platziert werden.

Möchte ein Unternehmen von den Standardtexten abweichen (z. B. Texte ändern oder ergänzen), ist es wichtig, dies zu begründen. Es ist sinnvoll, sich hierfür mit der zuständigen Aufsichtsbehörde oder Feuerwehr abzustimmen.

Sicherheitszeichen

Gemäß DIN 14096 sind nur neue Sicherheitszeichen nach DIN EN ISO 7010 sowie ASR A 1.3 zu verwenden. Diese Bestimmung wurde durch eine Stellungnahme des FNFW-Arbeitsausschusses vom Januar 2015 aufgeweicht. Demnach dürfen nun auch die Sicherheitszeichen verwendet werden, die sich im Gebäude befinden, auch wenn diese nicht Bestandteil der genannten Norm oder Arbeitsstättenregel sind und das Gebäude vor 2013 erbaut wurde.

Der FNFW-Arbeitsausschuss NA 031 04 02 AA „Bauliche Anlagen und Einrichtungen" hat sich zur Verwendung von Sicherheitszeichen wie folgt geäußert:

„Wegen der Erstellung einer neuen Brandschutzordnung nach DIN 14096 müssen nicht zwangsläufig alle Sicherheitszeichen im Objekt an die aktuelle ASR A1.3 Ausgabe 2013 angepasst werden. In Brandschutzordnungen nach DIN 14096 sind die Sicherheitszeichen abzubilden, die im betroffenen Objekt verwendet werden […]:

- *Für neu erstellte Brandschutzordnungen nach DIN 14096 sind die neuen Sicherheitszeichen nach aktueller ASR A1.3 Ausgabe 2013 nur dann abzubilden, wenn diese im betroffenen Objekt bereits verwendet werden.*
- *Alte Sicherheitszeichen nach alter ASR A1.3 Ausgabe 2007 sind dann abzubilden, wenn diese im betroffenen Objekt weiterhin verwendet werden."*

Die Symbolgröße der Sicherheitszeichen darf 10 mm nicht unterschreiten. Laut DIN und der Ergänzung des zuständigen Ausschusses sind die folgenden Sicherheitszeichen nach DIN EN ISO 7010: „Graphische Symbole – Sicherheitsfarben und Sicherheitszeichen" (2020) zu verwenden:

Abb. 4.1: Rauchen verboten

Abb. 4.2: Keine offene Flamme; Feuer, offene Zündquelle und Rauchen verboten

Abb. 4.3: Notausgang links

Abb. 4.4: Notausgang rechts

Abb. 4.5: Sammelstelle

Abb. 4.6: Richtungspfeil

Abb. 4.7: Brandmelder

Abb. 4.8: Brandmeldetelefon

Abb. 4.9: Feuerlöscher

Abb. 4.10: Löschschlauch

Abb. 4.11: Mittel und Geräte zur Brandbekämpfung

Hinweis: Alle im Buch abgedruckten Symbole stehen im Downloadbereich des Buches als einzelne Bilddatei zur Verfügung.

Weiterhin dürfen auch noch die „alten" Sicherheitszeichen nach DIN 4844 „Graphische Symbole – Sicherheitsfarben und Sicherheitszeichen – Teil 1: Erkennungsweiten und farb- und photometrische Anforderungen" (2012) weiterverwendet werden. Diese sind deshalb als „alt" bezeichnet, weil die später erschienene DIN EN ISO 7010 für manche der in DIN 4844 enthaltenen Sicherheitszeichen neue Zeichen vorgibt. Auf andere, nicht in den beiden DIN dargestellten Sicherheitszeichen sollte verzichtet werden.

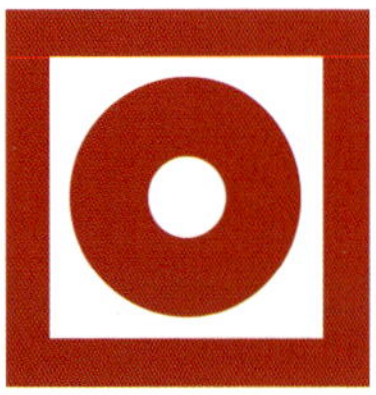

Abb. 4.12: Brandmelder

Abb. 4.13: Brandmeldetelefon

Abb. 4.14: Mittel zur Brandbekämpfung

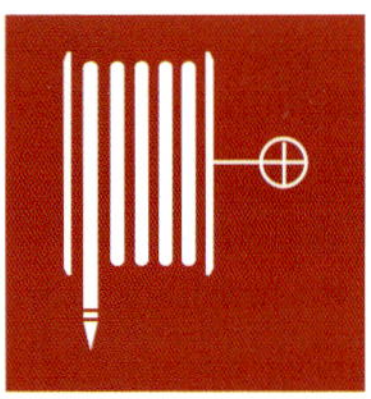

Abb. 4.15: Löschschlauch

Abb. 4.16: Feuerlöscher

Abb. 4.17: Sammelplatz

Inhalt und Aufbau der Brandschutzordnung Teil A, wie sie von DIN 14096 Abschnitt 6 festgelegt werden, sind im Muster in Kapitel 4.5 dargestellt.

4.4 Kennzeichnung

Abschließend macht DIN 14096 auch Vorgaben zur Kennzeichnung des Aushangs. Wer die Norm genau liest, könnte irritiert sein, da die Bezeichnung (siehe Kapitel 4.1) anders lautet als der hier durch die Norm vorgegebene Text. Man sollte sich an dieser Stelle an die Kennzeichnung halten.

Auf dem Aushang ist die Aufschrift „Brandschutzordnung nach DIN 14096" und zusätzlich das Erstelldatum unten oberhalb des roten Randes einzufügen. Es empfiehlt sich, hier auch den Objektnamen anzugeben. Das ist vor allem bei Betrieben sinnvoll, die auf dem Gelände mehrere Gebäude betreiben. Denn hier können aufgrund unterschiedlicher Entstehungszeiten der Gebäude andere Bauvorschriften gegolten haben und dadurch u. a. unterschiedliche Sicherheitskennzeichnungen existieren.

Tipp: Bei Abweichungen von der Norm kann es sinnvoll sein, anstatt der Bezeichnung „Brandschutzordnung nach DIN 14096" die Formulierung „Brandschutzordnung gemäß DIN 14096" zu verwenden. Dies wird in dem meisten Fällen geduldet.

4.5 Musteraushang

Neben dem in DIN 14096 enthaltenen Musteraushang entspricht auch der in Abb. 4.18 abgebildete Musteraushang den Vorgaben der Norm.

Abb. 4.18: Musteraushang Brandschutzordnung Teil A (Quelle: B·A·D Gesundheitsvorsorge und Sicherheitstechnik GmbH)

Hinweis: Das Muster zur Brandschutzordnung Teil A steht im Downloadbereich des Buches als Word-Dokument zur Verfügung.

4.6 Checklisten

Alle Checklisten stehen im Downloadbereich des Buches als Word-Dokument zur Verfügung.

Brandschutzordnung

Muster-Objekt

Checkliste 4 – Brandschutzordnung Teil A

Kriterien	Ja	Nein	Bemerkung
Hat der Aushang mindestens das Format A4?	☐	☐	
Hat der Rand mindestens eine Breite von 10 mm und besteht aus der Farbe Rot?	☐	☐	
Beträgt die Schrifthöhe der Überschriften mindestens 10 mm?	☐	☐	
Beträgt die Schrifthöhe der Schlagworte mindestens 8 mm?	☐	☐	
Beträgt die Schrifthöhe der Texte mindestens 45 mm?	☐	☐	
Ist die verwendete Schriftart leserlich (z. B. ohne Serifen)?	☐	☐	
Befinden sich die Schlagworte auf der linken Hälfte des Aushanges?	☐	☐	
Befinden sich die Überschriften und Sicherheitszeichen in der Mitte des Aushanges?	☐	☐	
Befinden sich die Hinweistexte auf der rechten Hälfte des Aushanges?	☐	☐	
Werden nur Sicherheitszeichen verwendet, die sich auch im Gebäude wiederfinden?	☐	☐	
Entsprechen die Hinweistexte des Aushanges den örtlichen Gegebenheiten?	☐	☐	
Werden keine fremdsprachlichen Texte verwendet?	☐	☐	
Existiert eine Kennzeichnung unten oberhalb des roten Randes?	☐	☐	

____________________ ____________________

(Ort / Datum / Zeit) Unterschrift des Erstellers

5 Brandschutzordnung Teil B

Teil B der Brandschutzordnung richtet sich an Personen ohne besondere Aufgaben. Dazu gehören Mitarbeitende, Bewohnerinnen und Bewohner sowie nicht nur vorübergehend in dem Gebäude oder auf dem Gelände befindliche Personen, wie etwa Mitarbeitende von Unternehmen, die z. B. längere Reparaturen oder Umbauten durchführen.

Für vorübergehend im Gebäude tätige Unternehmen ist eine Regelung zu schaffen, die sicherstellt, dass die in der Brandschutzordnung Teil B enthaltenen Informationen an die Mitarbeitenden der Unternehmen vermittelt werden. Für die Umsetzung bestehen mehrere Möglichkeiten. Die Vermittlung wird z. B. in Präsenz durch einen Mitarbeitenden des beauftragten Unternehmens vorgenommen oder sie erfolgt durch Vermittlung der Brandschutzordnung an eine Führungskraft oder einen Verantwortlichen des beauftragten Unternehmens. Diese übernimmt dann die Vermittlung der Inhalte an die tätig werdenden Mitarbeitenden. Es ist zudem wichtig, dass diese Vermittlung/Einweisung dokumentiert wird, um dies im Ereignisfall nachweisen zu können.

Teil B sollte dem oben genannten Personenkreis z. B. in Form von Merkblättern, Broschüren oder in elektronischer Form (z. B. über das Intranet) zur Verfügung gestellt werden. Wichtig hierbei ist, nachzuweisen, dass jeder Person die Brandschutzordnung für den Eigengebrauch zur Verfügung steht und diese sich mit den Inhalten vertraut machen. Daher empfiehlt die Norm, sich die Kenntnisnahme von jeder einzelnen Person schriftlich bestätigen zu lassen. Dies ist unerlässlich, damit im Ereignisfall gegenüber den Aufsichtsbehörden und eventuell der Staatsanwaltschaft belegt werden kann, dass der Arbeitgeber seinen Fürsorgepflichten nach Arbeitsschutzgesetz nachgekommen ist. An dieser Stelle ist § 4 der DGUV-Vorschrift 1 „Grundsätze der Prävention" heranzuziehen:

„(1) Der Unternehmer hat die Versicherten über Sicherheit und Gesundheitsschutz bei der Arbeit, insbesondere über die mit ihrer Arbeit verbundenen Gefährdungen und die Maßnahmen zu ihrer Verhütung, entsprechend § 12 Absatz 1 Arbeitsschutzgesetz sowie bei einer Arbeitnehmerüberlassung entsprechend § 12 Absatz 2 Arbeitsschutzgesetz zu unterweisen; die Unterweisung muss erforderlichenfalls wiederholt werden, mindestens aber einmal jährlich erfolgen; sie muss dokumentiert werden."

Besondere Aufmerksamkeit verdient hier der Passus *„[...] mindestens aber einmal jährlich [...]"*. Er sagt aus, dass auch die Unterweisung der Brandschutzordnung Teil B mindestens einmal jährlich erfolgen muss und dies jeweils zu dokumentieren ist.

Teil B der Brandschutzordnung wird in DIN 14096, Abschnitt 7 geregelt, der Vorgaben zu den folgenden Punkten enthält:

- Allgemeines
- Anforderungen an Format und Schrift
- Gliederung und Inhalt

Da es sich um eine privatrechtliche Norm handelt, kann auch hier von den Vorgaben abgewichen werden, wenn die durch die Norm zu erreichenden Schutzziele eingehalten werden. Wichtig ist jedoch, zu begründen, warum sie trotz einer oder mehrerer Abweichungen das gleiche Schutzziel erreicht.

Befinden sich auf dem Gelände mehrere Gebäude gleicher Art, ist zu erwägen, nur eine Brandschutzordnung Teil B zu erstellen, in der innerhalb der einzelnen Kapitel auf die Unterschiede in den einzelnen Gebäuden hingewiesen wird. Die Erfahrung hat gezeigt, dass Mitarbeitende durch z. B. Umzüge oder aufgrund von Besprechungen oder anderen Anlässen das Gebäude wechseln. Ein weiterer Vorteil ist, dass dann nur eine Brandschutzordnung bei Änderungen zu aktualisieren ist und die aufwendige Verteilung der Brandschutzordnung deutlich vermindert wird.

5.1 Bezeichnung

Nach DIN 14096 Abschnitt 4, hat die Bezeichnung der Brandschutzordnung Teil B wie folgt zu lauten:

Brandschutzordnung DIN 14096 – B

Sollte eine andere Bezeichnung, wie z. B. Brandschutzordnung DIN 14096 Teil B verwendet werden, ist es möglich, dass die Brandschutzordnung dann nur akzeptiert wird, wenn in den exakten Wortlaut der in DIN 14096 genannten Bezeichnung korrigiert wird. Dies gilt ebenso für die Teile A und C der Brandschutzordnung.

5.2 Format, Schrift

Für Teil A der Brandschutzordnung ist das Format A4 oder größer vorgegeben. Für Teil B sind laut DIN 14096 nur die Formate A4, A5 und A6 erlaubt. Welches der Formate verwendet wird, sollte das Unternehmen für sich selbst entscheiden. Für das produzierende Gewerbe, bei denen Mitarbeitende geringe bis gar keine Möglichkeit haben online ins Intranet des Unternehmens zu schauen, ist zu überlegen, ob eine abgespeckte gedruckte Version der Brandschutzordnung im Format A6 den Mitarbeitenden „als ständiger Begleiter“ ausgehändigt wird. Dadurch hat der Mitarbeitende die Möglichkeit, diese gedruckte Version mit sich zu führen und besitzt jederzeit die Möglichkeit rein zu schauen.

Auf Vorgaben zur Schriftart oder zur graphischen Gestaltung verzichtet Teil B. Es empfiehlt sich jedoch ein einheitlicher Auftritt, sodass auf die gleiche Gestaltung wie bei Teil A zurückgegriffen werden sollte.

Ein wichtiger Aspekt bei der Erstellung des Inhalts für Teil B ist die Verständlichkeit des Inhalts und dessen leichte Erfassbarkeit. Das heißt für den Erstellenden, darauf zu achten, dass die Inhalte für möglichst jeden Mitarbeitenden des Unternehmens verständlich formuliert sind. Das führt dazu, dass möglichst auf Abkürzungen oder Fachbegriffe verzichtet wird oder diese entsprechend erklärt werden.

Es ist empfehlenswert, die Brandschutzordnung vor Veröffentlichung einem oder mehreren Mitarbeitenden zum Lesen zu geben, um im Anschluss zu erfragen, was diese verstanden haben. Die Verwendung einer leicht verständlichen Sprache kann sowohl die Verständlichkeit als auch die Akzeptanz bei den Mitarbeitenden erhöhen.

Um die Verständlichkeit zu untermauern, ist in Teil A das Einfügen von fremdsprachlichen Texten nicht erlaubt. In Teil B wird dieses unter der Bedingung gestattet, dass die fremdsprachlichen Inhalte von dem deutschen Text deutlich abzuheben sind. Hier gibt es mehrere Möglichkeiten, wobei jedoch auch auf die Bedürfnisse der Mitarbeitenden Rücksicht genommen werden muss. Zu beachten sind unter anderem Einschränkungen (z. B. Farbblindheit) bei Mitarbeitenden.

Für das Abgrenzen von fremdsprachlichen Inhalten von deutschem Text gibt es unterschiedliche Gestaltungsmöglichkeiten:

- Farbwechsel
- Schriftartwechsel
- Darstellung über Kästen

Es ist auch möglich, den Teil B der Brandschutzordnung nach Sprachen zu trennen, so dass für jede Sprache eine eigene Brandschutzordnung erstellt wird.

5.3 Aufbau

Die Norm 14096 gibt für Teil B eine Reihenfolge der Inhalte vor. Zusätzliche Inhalte oder Änderungen der Überschriften sind laut Norm nicht zulässig. Inhalte, die nicht befüllt werden, dürfen weggelassen werden, sollten aber in der Übersicht dennoch aufgeführt werden, damit die Aufzählung weiterhin die vorgegebenen 13 Inhaltsabschnitte enthält. Die Norm gibt Hinweise, wie die einzelnen Abschnitte inhaltlich befüllt werden können. da die genannten Stichwörter wichtig sind, um die Mitarbeitenden in den Betrieben auf Gefährdungen hinzuweisen und sie zu sensibilisieren. Dazu empfiehlt es sich, alle Brandschutzeinrichtungen, die wir teilweise im täglichen Gebrauch haben oder die uns im Ereignisfall schützen und unterstützen sollen, zu erklären und eventuell aufzulisten.

Die einzelnen Inhaltsabschnitte lauten:

a) Einleitung
b) Brandschutzordnung Teil A (Aushang)
c) Brandverhütung
d) Brand- und Rauchausbreitung
e) Flucht- und Rettungswege
f) Melde- und Löscheinrichtungen
g) Verhalten im Brandfall
h) Brand melden
i) Alarmsignale und Anweisungen beachten
j) In Sicherheit bringen
k) Löschversuche unternehmen
l) Besondere Verhaltensregeln
m) Anhang

Es ist darauf zu achten, dass eine alphabetische Aufzählung erfolgt, da es schon geschehen ist, dass Brandschutzordnungen, die eine numerische Aufzählung hatten, von den Aufsichtsbehörden abgelehnt wurden bzw. nachzubessern waren.

Hinweis: Die nun folgenden Unterkapitel gehen näher auf die Inhalte zu den einzelnen Abschnitten ein. Die dort zur Verfügung gestellten Mustertexte sind Vorschläge und müssen an die jeweiligen betrieblichen Gegebenheiten angepasst werden.

5.3.1 Einleitung

Zu Beginn des Teils B ist eine Einleitung zu erstellen, die die folgenden Inhalte haben soll:

- Allgemeine Erläuterungen zur Brandschutzordnung
- Geltungsbereich, Personenkreis
- Inkraftsetzung mit Datum und Unterschrift

Allgemeine Erläuterungen zur Brandschutzordnung

DIN 14096 enthält keine spezifischen Angaben zu den hier einzufügenden Inhalten. Es gibt jedoch Erfahrungswerte, welche Informationen hier sinnvoll sind:

Eine einleitende Darstellung zu Sinn und Zweck einer Brandschutzordnung hilft den Mitarbeitenden, zu verstehen, warum ihnen diese zur Verfügung gestellt wird. Die Einleitung sollte klar herausstellen, dass die Brandschutzordnung eine Maßnahme zur Sicherheit der Mitarbeitenden ist und ihr Verhalten wesentlich zu ihrem eigenen und zum Schutz der anderen Mitarbeitenden beiträgt.

Hinweis: Alle Mustertexte stehen im Downloadbereich des Buches als Word-Textbausteine zur Verfügung.

Mustertext: **Der Betreibende oder eine von ihm beauftragte Person hat aufgrund von Verordnungen, Richtlinien oder aus Fürsorgepflicht eine Brandschutzordnung aufzustellen und durch Aushang bekanntzumachen.**

Mustertext: **In der Brandschutzordnung ist insbesondere das richtige Verhalten von Beschäftigten und Personen sowie die Maßnahmen festzulegen, die zur Rettung von Menschen im Brandfall erforderlich sind.**

Mustertext: **Bei Brandgefahr, Rauchentwicklung, Ausbruch eines Feuers und Evakuierung kommt es entscheidend darauf an, dass sich die Mitarbeitenden kompetent, ruhig und zielorientiert verhalten.**

Mustertext: **Im Vordergrund steht immer die Sicherheit und damit das Leben der Mitarbeitenden, der Besuchenden und der Menschen, die sich darüber hinaus auf dem Gelände oder im Gebäude aufhalten.**

Auch kann manchmal eine Kurzbeschreibung des Gebäudes integriert werden. Dies ist vor allem ratsam bei Sonderbauten wie Versammlungsstätten, Gastgewerbe etc.

Mustertext: **Bei dem Gebäude handelt es sich um ein … (Gebäudeart ergänzen).**

Geltungsbereich, Personenkreis

Ein nicht zu unterschätzender Aspekt ist die Festlegung des Geltungsbereiches (betroffener Personenkreis) für die Brandschutzordnung. Eine Brandschutzordnung gilt, wie zu Beginn des Kapitels dargestellt, nicht nur für Betriebsangehörige, sondern auch für Mitarbeitende von regelmäßig in dem Gebäude tätigen Unternehmen.

Mustertext: **Diese Brandschutzordnung gilt für die Mitarbeitenden der Mustermann GmbH. Sie regelt die Pflichten sowie die Aufgaben der Mitarbeitenden und der Besuchenden. Sie gilt zusätzlich auch für Mitarbeitende von Unternehmen, die mit der Instandhaltung und anderen Arbeiten beauftragt wurden, zur Gewährleistung des Brandschutzes auf dem gesamten Gelände und im Gebäude selbst.**

Ergänzend kann dies weiter präzisiert werden.

Mustertext: **Die Brandschutzordnung gilt für alle genutzten Gebäudeteile mit zugehörigen Verkehrswegen, fachlich für alle Innen- und Außenbereiche und persönlich für alle Beteiligten. Dazu gehören neben den Mitarbeitenden und Besuchenden sämtliche im betreffenden Objekt tätigen Unternehmen und deren Mitarbeitende.**

Eine kurze Zusammenfassung, welcher Teil der Brandschutzordnung für welche Zielgruppe gedacht ist, kann zusätzlich integriert werden (siehe Tabelle 5.1).

Mustertext: **Die Brandschutzordnung ist untergliedert in die Teile A, B und C. Diese Teile richten sich an unterschiedliche Zielgruppen:**

Tabelle 5.1: Zielgruppen der Brandschutzordnung Teile A, B und C

Teil	Zielgruppe	Personenkreis
A	Alle Personen, die sich im betreffenden Gebäude aufhalten	Kundinnen und Kunden, Besuchende, Gäste, Mitarbeitende von externen Firmen
B	Personen, die sich nicht nur vorübergehend im Gebäude aufhalten (ohne besondere Brandschutzaufgaben)	Mitarbeitende, Beschäftigte, Bewohnende
C	Personen, denen über ihre normalen Tätigkeiten hinaus besondere Aufgaben im Brandschutz übertragen worden sind	Geschäftsführung, Brandschutzbeauftragte, Räumungshelfende, Mitglieder eines Krisenstabs

Manche Unternehmen händigen die Brandschutzordnung Teil B neuen Mitarbeitenden direkt mit dem Arbeitsvertrag oder am ersten Arbeitstag aus. Daher kann z. B. auch folgender Text ergänzt werden:

Mustertext: **Die Teile A und B der Brandschutzordnung sind Bestandteile der mit den Beschäftigten abgeschlossenen Arbeitsverträge und werden mit diesen ausgehändigt.**

Inkraftsetzung mit Datum und Unterschrift

Damit eine Brandschutzordnung wirksam wird, ist es erforderlich, dass diese von der Arbeitgeberseite oder einem berechtigten Vertretenden unterschrieben und mit Datum versehen ist. Die alleinige Unterschrift der Arbeitgeberseite ist völlig ausreichend. Zu beachten ist, dass eine Brandschutzordnung eine Arbeitsanweisung in Bezug auf den Arbeitsschutz ist und daher laut § 87 Abs. 1 Nr. 7 BetrVG der Betriebsrat mitbestimmungspflichtig ist:

„(1) Der Betriebsrat hat, soweit eine gesetzliche oder tarifliche Regelung nicht besteht, in folgenden Angelegenheiten mitzubestimmen: […]

7. Regelungen über die Verhütung von Arbeitsunfällen und Berufskrankheiten sowie über den Gesundheitsschutz im Rahmen der gesetzlichen Vorschriften oder der Unfallverhütungsvorschriften […]“

Daher empfiehlt es sich, bei der Erarbeitung der Brandschutzordnung frühzeitig den zuständigen Betriebs- oder Personalrat einzubinden.

> Der Betriebs- oder Personalrat sollte mit auf der Brandschutzordnung unterschreiben. Auf diese Weise werden die Mitarbeitenden dafür sensibilisiert, dass ein Verhalten entgegen den Regelungen der Brandschutzordnung personalrechtliche Schritte nach sich ziehen kann.

Hierzu sollte mit dem Betriebs-/Personalrat eine Einigung getroffen werden, welche Maßnahmen, wann greifen.

Darüber hinaus ist es empfehlenswert, alle an der Erstellung der Brandschutzordnung beteiligten Personen oder Personengruppen ebenfalls unterschreiben zu lassen. Dazu können gehören:

- Brandschutzbeauftragte und -beauftragter
- Fachkraft für Arbeitssicherheit
- Personalabteilung
- Beteiligte Beauftragte

Ist es geplant, dass die beteiligten Personen oder Personengruppen ebenfalls unterschreiben, dann empfiehlt es sich, diese Unterschriften nicht neben der des Arbeitgebers zu platzieren sondern unterhalb.

Mustertext: **Die Brandschutzordnung tritt mit sofortiger Wirkung in Kraft (Unterschrift Arbeitgeberseite)**

Mustertext: **Bei der Erstellung der Brandschutzordnung waren beteiligt: (Unterschriften der beteiligten Personen und/oder Personengruppen)**

5.3.2 Brandschutzordnung Teil A (Aushang)

In die Brandschutzordnung Teil B ist die Brandschutzordnung Teil A zu integrieren. Sie darf dort verkleinert dargestellt werden, ersetzt jedoch nicht den geforderten Aushang des Teils A.

> Wenn eine Brandschutzordnung Teil B für verschiedene Gebäude erstellt wird, es aber aufgrund unterschiedlicher Ausstattungen (z. B. Sicherheitszeichen) der einzelnen Gebäude unterschiedliche Teile A gibt, sollten alle Teile A an dieser Stelle eine entsprechende Gebäudekennzeichnung enthalten.

5.3.3 Brandverhütung

Um in der Brandschutzordnung Regeln oder Vorgaben für die Vermeidung von Bränden zu erstellen, ist es erforderlich, die Brandgefährdungen innerhalb des Gebäudes oder auf dem Betriebsgelände zu ermitteln und zu kennen. Hierzu sollte eine vorhandene aktuelle Gefährdungsbeurteilung Auskunft geben können. Besteht diese nicht, empfiehlt es sich, diese vorab zu erstellen. Die Gefährdungsbeurteilung ist hinsichtlich der vorhandenen Gefährdungen und der zur Vermeidung dieser Gefährdungen getroffenen Maßnahmen zu sichten. Die enthaltenen Maßnahmen sollten zumindest teilweise, soweit diese den Brandschutz betreffen, in die Brandschutzordnung aufgenommen bzw. durch weitere Informationen und Maßnahmen ergänzt werden. Hier spielen interne betriebliche Regelungen eine wichtige Rolle. Inhalte können sein:

- Verbote: Rauchen, Feuer, offene Flammen, offene Zündquellen
- Sicherheitsvorschriften bzgl. feuergefährlicher Arbeiten
- Explosionsgefahren
- brennbare Abfälle
- elektrische Geräte
- gasbetriebene Geräte
- andere Zündquellen
- andere Sicherheitsvorschriften und Technische Regeln

Zu empfehlen ist, am Beginn des Abschnittes allgemeine Aussagen zur Brandverhütung zu tätigen, damit die Mitarbeitenden einen Eindruck davon erhalten, worum es bei der Brandverhütung geht und worauf allgemein zu achten ist. Dazu zählen z. B.

- Stichworte wie Ordnung und Sauberkeit,
- das richtige Verhalten bei Feststellung von Mängeln
- sowie die Sensibilisierung dafür, dass sich jeder Mitarbeitende über die Brandgefahren in der Umgebung seines Arbeitsplatzes und die getroffenen Maßnahmen informieren sollte.

Mustertext: **Alle Personen sind verpflichtet, zum vorbeugenden Brandschutz sowie zur Verhütung von Unfällen beizutragen. Dazu gehören vor allem Ordnung und Sauberkeit, das Einhalten der vorbeugenden Brandschutzmaßnahmen und das richtige Verhalten bei der Feststellung von Mängeln und Unzulänglichkeiten. Sie haben sich über die Brandgefahr ihres Arbeitsplatzes und der Umgebung sowie über die Maßnahmen bei Gefahr genau zu informieren.**

Mustertext: **Wichtige Voraussetzungen des Brandschutzes sind Ordnung und Sauberkeit.**

Mustertext: **Verpackungsmaterialien und andere brennbare Stoffe, die nicht zum Betrieb oder zur Tätigkeit vor Ort benötigt werden, sind an den vorgesehenen Plätzen regelmäßig zu entsorgen (Containerstellplatz, Abfallbehältnisse).**

Mustertext: **Außergewöhnlicher Brand-, Gas- oder Benzingeruch ist sofort der direkten vorgesetzten Person oder bei deren Nichterreichbarkeit der Geschäftsführung zu melden.**

Verbote Rauchen, Feuer, offene Flammen, offene Zündquellen

In Explosions- und feuergefährlichen Bereichen ist offenes Feuer gesetzlich oder aufgrund von Auflagen verboten. Dazu zählen glimmende Zigaretten und ähnliche Genussmittel.

Das primäre Rauchverbot basiert jedoch auf § 5 ArbSchG, in dem gefordert wird, dass eine Beurteilung der Gefährdungen erfolgen muss, um Gefährdungen, die auf den Mitarbeitenden einwirken, zu vermeiden. Darauf aufbauend besagt § 5 ArbStättV:

„(1) Der Arbeitgeber hat die erforderlichen Maßnahmen zu treffen, damit die nicht rauchenden Beschäftigten in Arbeitsstätten wirksam vor den Gesundheitsgefahren durch Tabakrauch geschützt sind. Soweit erforderlich, hat der Arbeitgeber ein allgemeines oder auf einzelne Bereiche der Arbeitsstätte beschränktes Rauchverbot zu erlassen.

(2) In Arbeitsstätten mit Publikumsverkehr hat der Arbeitgeber beim Einrichten und Betreiben von Arbeitsräumen der Natur des Betriebes entsprechende und der Art der Beschäftigung angepasste technische oder organisatorische Maßnahmen nach Absatz 1 zum Schutz der nicht rauchenden Beschäftigten zu treffen.“

Dieses Rauchverbot ist daher in die Brandschutzordnung zu aufzunehmen.

Mustertext: **In allen Bereichen des Betriebes gilt das Rauchverbot sowie Verbote des Umgangs mit Feuer.**

Mustertext: **Rauchen ist nur im gekennzeichneten Bereich im Freien auf der Terrasse gestattet.**

Mustertext: **Rauchende Personen sind auf das Rauchverbot hinzuweisen.**

Mustertext: **Zigarettenreste und benutzte Streichhölzer dürfen nicht in Papierkörbe oder Müllbehälter geworfen werden.**

Mustertext: **Die Entsorgung der Tabakreste darf nur in den dafür vorgesehenen Behältnissen erfolgen.**

Der zu Beginn dieses Themenfeldes genannte § 5 ArbSchG nennt die Gefährdungen, die im Rahmen der Gefährdungsbeurteilung zu betrachten sind:

„(1) Der Arbeitgeber hat durch eine Beurteilung der für die Beschäftigten mit ihrer Arbeit verbundenen Gefährdung zu ermitteln, welche Maßnahmen des Arbeitsschutzes erforderlich sind. […]

(3) Eine Gefährdung kann sich insbesondere ergeben durch […]

2. physikalische, chemische und biologische Einwirkungen,

3. […] die Auswahl und den Einsatz […] insbesondere von Arbeitsstoffen, […] sowie den Umgang damit […].“

Zu den möglichen Gefährdungen zählen offenes Feuer, offene Flammen und Zündquellen. Auch hierzu sind im Rahmen der Gefährdungsbeurteilung die Gefährdungen und das Risiko für die Entstehung derselben zu ermitteln. Für das Nichtwirksamwerden der Gefährdungen sind Maßnahmen zu entwickeln, die auch in die Brandschutzordnung, soweit diese den Brandschutz betreffen, zu integrieren sind.

Mustertext: **Das Abbrennen von Kerzen sowie offenes Feuer und Licht ist ebenfalls nicht zulässig; es sind nur elektrisch betriebene Leuchtmittel an Weihnachtsbäumen und Adventsgestecken einzusetzen.**

An dieser Stelle ist es auch möglich die beiden hierfür üblicherweise verwendeten Piktogramme (siehe Abb. 5.1 und 5.2) zu verwenden:

Abb. 5.1: Rauchen verboten

Abb. 5.2: Keine offene Flamme; Feuer, offene Zündquelle und Rauchen verboten

Abb. 5.3: Feuergefährliche Arbeiten, wie hier bspw. das Schweißen, erfordern besondere Sicherheitsmaßnahmen und einen Erlaubnisschein. (Foto von Daniel Wiadro auf Unsplash)

Sicherheitsvorschriften bzgl. feuergefährlicher Arbeiten

Zu den feuergefährlichen Arbeitsverfahren gehören

- Schweißen,
- Schneiden,
- Trennschleifen,
- Löten,
- Auftauarbeiten,
- Heißklebearbeiten,

sobald diese Tätigkeiten außerhalb der dafür vorgesehenen Werkstätten oder Arbeitsplätze ausgeübt werden. Für diese Tätigkeiten muss nach ArbSchG und den nachgeordneten Verordnungen (z. B. BetrSichV, GefStoffV) eine Gefährdungsbeurteilung erstellt werden.

Regelungen, die für diese Tätigkeiten getroffen sind und die vor, während und nach den entsprechenden Tätigkeiten eingehalten werden müssen, sollten auch in die Brandschutzordnung integriert sein. Dazu gehört auch, dass vorab ein Erlaubnisschein für feuergefährliche Arbeiten ausgefüllt wird. Dieser hat die folgenden Mindestangaben zu enthalten:

- Art des Arbeitsverfahrens
- Arbeitsort oder -stelle
- Angabe über den Inhalt der durchzuführenden Tätigkeit (z. B. Löten einer Rohrleitung)
- Sicherheitsmaßnahmen bei möglicher Brandgefahr
- Sicherheitsmaßnahmen bei möglicher Explosionsgefahr
- Alarmierung
- Auftraggeber/Unternehmer
- Ausführender

Das Dokument ist von Auftraggeber- und Auftragnehmerseite bzw. Mitarbeitenden zu unterschreiben. Mit der Unterschrift dokumentiert die Auftragnehmerseite, dass sie gewillt ist, die Vorgaben der Auftraggeberseite einzuhalten. Auch versicherungstechnisch ist dies für die Auftraggeberseite eine teilweise Entlastung. Ein Muster dieses im Unternehmen verwendeten Erlaubnisscheines sollte im Anhang m) der Brandschutzordnung Teil B angehängt werden. Weitergehende Informationen befinden sich auch in Kapitel 7 dieses Buches.

Mustertext: **Schweiß-, Schneid-, Schleif-, Löt-, Trennschleif- und Aufheizarbeiten sowie Arbeiten mit erhöhter Staubentwicklung bedürfen besonderer Sicherheitsmaßnahmen und einer schriftlichen Genehmigung in Form eines Erlaubnisscheins für feuergefährliche Arbeiten. Dieser muss genaue Angaben über die zu treffenden Schutzmaßnahmen enthalten. Ein solcher Erlaubnisschein ist im Anhang m) der Brandschutzordnung zu finden.**

Explosionsgefahren

Sollten in dem Gebäude Explosionsgefährdungen auftreten oder die Möglichkeit bestehen, dass während Wartungs- und Reinigungsarbeiten explosionsfähige Atmosphären entstehen könnten, ist dies in der Brandschutzordnung zu berücksichtigen. Hierzu ist, sofern vorhanden, die erstellte Gefährdungsbeurteilung oder ein Explosionsschutzdokument hinzuzuziehen. Mögliche Orte für explosionsfähige Atmosphären können dort sein, wo brennbare Flüssigkeiten verwendet oder gelagert werden oder wo Stäube entstehen. Diese Orte sollten benannt werden. Zusätzlich ist auf die besonderen Verhaltensmaßnahmen im Umfeld des Ortes bzw. am Ort selbst hinzuweisen. Es kann sinnvoll sein, auch diesen Bereich innerhalb eines Planes zu kennzeichnen. Der Plan kann dann z. B. in den Anhang m) der Brandschutzordnung mit aufgenommen werden.

Mustertext: **Vorsicht beim Umgang mit brennbaren Flüssigkeiten, Zündquellen ausschließen; Brennbare Flüssigkeiten dürfen nicht in Ausgüsse oder Abläufe geschüttet werden.**

Mustertext: **Die Lagerung brennbarer Stoffe hat nur in den dafür vorgesehenen Räumen zu erfolgen. Anhäufungen brennbarer Stoffe und brennbarer Flüssigkeiten, insbesondere Reststoffe, sind zu vermeiden; in notwendigen Fluren, Treppenräumen und Fluchtwegen sind diese unzulässig.**

Mustertext: **Brennbare Flüssigkeiten und brandfördernde Stoffe sind grundsätzlich in den dafür vorgesehenen Lagerräumen zu lagern und für den Verbrauch vorzubereiten. Eine Lagerung am Arbeitsplatz über die Arbeitszeit hinaus ist unzulässig. Behältnisse müssen fest verschlossen sein. Die Aufbewahrung geringer Mengen an Farben und brennbarer bzw. brandfördernder Mittel ist in einem vorgesehenen geeigneten Schrank zulässig, der Schrank ist zu kennzeichnen.**

An dieser Stelle ist es auch möglich, das hierfür übliche Piktogramm (siehe Abb. 5.4) zu verwenden:

Abb. 5.4: Warnung vor explosionsfähiger Atmosphäre

Brennbare Abfälle

Grundlage eines jeden Brandes sind brennbare Stoffe. Dazu gehören auch brennbare Abfälle, die während der Produktion oder während Reinigungs- oder Wartungsarbeiten anfallen können. Im Rahmen einer Gefährdungsbeurteilung wird auch hierauf geachtet und Maßnahmen entwickelt, wie diese Abfälle zu lagern bzw. zu entsorgen sind. Der Umgang mit brennbaren Abfällen sollte daher auch in die Brandschutzordnung integriert werden, um Mitarbeitende zu sensibilisieren und die möglichen Gefahren, die diese Abfälle mit sich bringen können, aufzuzeigen.

Mustertext: **Verpackungsmaterialien und andere brennbare Stoffe, die nicht zum Betrieb oder während der Produktion benötigt werden, sind an den vorgesehenen Plätzen regelmäßig in den dafür vorgesehenen gekennzeichneten Behältnissen zu entsorgen.**

Elektrische Geräte

In jedem Unternehmen werden elektrische Betriebsmittel und meist auch elektrische Anlagen betrieben. Elektrizität muss immer als eine Brandgefährdung betrachtet werden. Hier gibt es vonseiten der Unfallversicherer auf Basis der DGUV-Vorschrift 3 „Elektrische Anlagen und Betriebsmittel" Regeln zum Betreiben, Warten und Prüfen. Ein wichtiger Aspekt ist, dass defekte elektrische Geräte nur durch eine Elektrofachkraft, oder unter Leitung und Aufsicht einer Elektrofachkraft, den elektrotechnischen Regeln entsprechend, errichtet, geändert und instandgehalten werden dürfen. Daher bedarf es in der Brandschutzordnung eines Hinweises, wie mit elektrischen Anlagen und Betriebsmitteln umgegangen werden muss. Auch ist darauf hinzuweisen, ob private elektrische Betriebsmittel betrieben werden dürfen oder unter welchen Bedingungen dies erlaubt ist. Zusätzlich sollte auch auf die regelmäßig durch den Unternehmer organisierten Prüfungen hingewiesen werden.

Mustertext: **Wichtige Voraussetzung für die Gewährleistung des Brandschutzes ist der ordnungsgemäße Zustand und Betrieb der Anlagen, Einrichtungen und Geräte. Dieser ist u. a. durch die Einhaltung der Prüffristen, regelmäßige Kontrollen und fachgerechte Wartungs- und Instandsetzungsarbeiten zu realisieren.**

Mustertext: **Elektrische Anlagen sind nach den allgemein anerkannten Regeln der Elektrotechnik nur von Fachkräften oder dafür unterwiesenen Personen zu errichten und zu betreiben.**

Mustertext: **Mängel und Schäden an elektrischen Installationen sowie Anzeichen hierfür sind sofort der direkten vorgesetzten Person bzw. der Geschäftsführung zu melden.**

Mustertext: **Durchgebrannte Sicherungen, schadhafte Steckdosen und Leitungen sind nur durch Fachkräfte zu reparieren.**

Mustertext: **Das Aufstellen und Benutzen anderer als vom Betreiber für die jeweilige Nutzung zugelassener elektrischer Anlagen oder Geräte durch Betriebsangehörige ist nur mit entsprechender schriftlicher Genehmigung erlaubt.**

Mustertext: Bei Dienstschluss ist von jedem Mitarbeitenden und den Nutzenden zu prüfen, ob jeweils alle nicht mehr benötigten elektrischen Geräte sowie die Beleuchtung abgeschaltet sind (Netzstecker ziehen!). Ausgenommen sind die Geräte, die sich in Dauerbetrieb befinden müssen.

Mustertext: Beim Aufstellen von Heiz- oder sonstigen brandgefährdeten Geräten (z. B. Kaffeemaschinen) ist neben den Festlegungen der Gebrauchs- bzw. Betriebsanleitungen insbesondere zu beachten, dass sie:

- **auf nicht brennbaren Unterlagen abgestellt werden,**
- **nicht in der Nähe von brennbaren Stoffen betrieben werden,**
- **während des Betreibens beobachtet werden können,**
- **nach ihrer Benutzung ordnungsgemäß abgestellt werden (Ziehen des Netzsteckers) und**
- **von Verschmutzung und Staubablagerungen regelmäßig befreit werden.**

Gasbetriebene Geräte

Zu den gasbetriebenen Geräten gehören z. B. gasbetriebene Gabelstapler oder auch Heizanlagen. Sollten in dem Unternehmen entsprechende Geräte verwendet werden, ist es erforderlich auch im Rahmen der Brandschutzordnung darauf einzugehen. Meist werden bereits unter dem Themenfeld Explosionsschutz entsprechende Formulierungen vorgenommen.

Andere Zündquellen

Sollten neben den oben genannten Zündquellen wie offenes Feuer etc. noch weitere Zündquellen vorhanden sein, sind diese hier zu nennen.

Zu Zündquellen zählen:

- Wärmeenergie durch z. B. Heizungsanlagen, Verbrennungsmotoren
- Elektrische Energie durch z. B. elektrische Geräte
- Mechanische Energie durch z. B. Reibung, Schleifen
- Chemische Energien durch z. B Selbsterhitzung

Andere Sicherheitsvorschriften und Technische Regeln

Hier sind unternehmensinterne Regelungen, die im Rahmen des Brandschutzes existieren, in die Brandschutzordnung zu integrieren.

5.3.4 Brand- und Rauchausbreitung

Unter diesem Themenfeld sind Hinweise an die Mitarbeitenden weiterzugeben, die die Gefahren durch uneingeschränkte Verbreitung von Brandrauch verdeutlichen und die zeigen, wie dessen Ausbreitung verhindert werden kann. Hier ist unter anderem auf vorhandene bauliche Brandschutzeinrichtungen und wie diese zu nutzen bzw. in Funktion zu halten sind hinzuweisen. Dazu gehören:

- Feuerschutzabschlüsse, Rauchschutzabschlüsse
- Rauch- und Wärmeabzugsanlagen

An dieser Stelle können auch Hinweise zur Vermeidung der Anhäufung brennbarer Stoffe angegeben werden.

Abb. 5.5: selbstschließende Brandschutztür

Feuerschutzabschlüsse, Rauchschutzabschlüsse

Feuerschutzabschlüsse helfen, das Durchdringen von Feuer durch feuerschutzbeständige Brandwände oder feuerhemmende Wände zu vermeiden. Ein Rauchabschluss hilft, das Durchdringen von Rauch durch Öffnungen in Wänden zu vermeiden.

> Empfehlenswert ist, auch auf die Funktionsweise dieser baulichen Einrichtungen einzugehen. Damit wird erkennbar, dass z. B. ein Offenhalten dieser Türen durch Keile eine negative Auswirkung haben kann, da so kein unüberwindbares Hindernis mehr für die Ausbreitung des Rauchs oder Feuers vorhanden ist.

Gleichzeitig ist auch darauf hinzuweisen, dass es Brand- oder Rauchschutztüren gibt, die durch automatische Sicherheitssysteme offengehalten werden und im Brandfall automatisch schließen (siehe Abb. 5.5). Bilder solcher baulicher Brandschutzeinrichtungen können den Mitarbeitenden helfen.

Mustertext: **Brand- und Rauchschutztüren müssen stets geschlossen gehalten oder mit Einrichtungen versehen werden, die ein Schließen im Brandfall gewährleisten. Auf keinen Fall dürfen diese Türen verkeilt, verstellt oder festgebunden werden. Ihre Funktionsfähigkeit muss jederzeit gewährleistet sein.**

Mustertext: **Brandschutztüren oder Rauchschutztüren dürfen nicht durch Keile, Festbinden oder andere Zwischenlagen blockiert werden. Dies gilt speziell für die mit Feststellanlagen ausgerüsteten Rauchschutztüren in den Treppenräumen zu den Fluren. Sofern Feuerschutzabschlüsse (Brandschutztüren) oder rauchdichte Türen aus betrieblichen Gründen offenstehen sollen, sind zugelassene Feststelleinrichtungen zu verwenden, die bei Raucheinwirkung selbsttätig schließen.**

Rauch- und Wärmeabzugsanlagen

Rauchabzugsanlagen dienen im Brandfall dazu, den Rauch abzuleiten. Dabei sind die Rauchabzugsanlagen so dimensioniert, dass über dem Boden eine ausreichend hohe rauchfreie bzw. raucharme Schicht, gemessen vom Fußboden bis zur Unterkante der Rauchschicht, beibehalten wird. Es gibt mehrere Arten von Rauchabzugsanlagen:

- Natürliche Rauchabzugsanlagen (NRA)
- Maschinelle Rauchabzugsanlagen (MRA)
- Rauchschutz-Druckanlagen (RDA)

Wärmeabzugsanlagen werden in der Regel ergänzend zu den Rauchabzugsanlagen genutzt. Der Wärmeabzug wird z. B. durch die zusätzliche Installation von Ventilatoren erreicht.

In der Brandschutzordnung kann es sinnvoll sein, auf die Orte im Gebäude, an denen sich Rauch- und Wärmeabzugsanlagen befinden, hinzuweisen.

Mustertext: **In folgenden Bereichen und Räumen sind Rauch- und Wärmeabzugsanlagen vorhanden:**

- **Treppenhaus 1**
- **Treppenhaus 2**

5.3.5 Flucht- und Rettungswege

In diesem Themenfeld sind Hinweise an die Mitarbeitenden weiterzugeben, die sich in erster Linie mit der Flucht aus einem gefährdeten Bereich beschäftigen. Dazu gehören Hinweise zu:

- Rettungswegen, Fluchtwegen
- Flächen für die Feuerwehr
- Flucht- und Rettungsplänen

Rettungswege, Fluchtwege

Der Begriff Rettungsweg ist im Baurecht verankert. Der Rettungsweg dient gemäß § 14 MBO der Rettung von Menschen und als Angriffsweg für die Rettungskräfte. Der Angriffsweg ist der Weg der Feuerwehr zur Rettung von Menschen und zur Bekämpfung eines Brandes innerhalb eines Gebäudes. Rettungswege werden in einem für Gebäude nicht immer erforderlichen Feuerwehrplan gekennzeichnet. Der Feuerwehrplan dient der Feuerwehr als Hilfsmittel, um sich in einem eventuell unbekannten Gebäude orientieren zu können. Rettungswege verlaufen über notwendige Flure und Treppen. Diese sind unter speziellen baulichen Aspekten zu errichten. In der MBO und den daraufhin folgenden länderspezifischen Landesbauordnungen werden ein Haupt- und Nebenfluchtweg gefordert. Die baulichen Voraussetzungen des Nebenfluchtweges orientieren sich an der Möglichkeit, zulässige Rettungsgeräte von Feuerwehren einzusetzen.

Der Begriff Fluchtweg stammt hingegen aus der ArbStättV. Der Fluchtweg dient gemäß § 9 ArbStättV der Flucht von Personen vom Arbeitsplatz. Fluchtwege müssen selbstständig begehbare Verkehrswege sein und sind im sogenannten Flucht- und Rettungsplan, wenn dieser erforderlich ist, zu kennzeichnen. Ebenso wie beim Rettungsweg, sind auch hier ein Haupt- und Nebenfluchtweg gefordert. Als Fluchtweg kann auch ein Rettungsweg dienen, wenn die Forderung nach der selbstständigen Begehbarkeit eingehalten wird. Der Einsatz von Rettungsgeräten ist gemäß ArbStättV erlaubt. Damit kann auf einen zweiten baulichen Fluchtweg verzichtet werden, wenn mittels einer Gefährdungsbeurteilung eine sichere Flucht unter Abschätzung des Risikos ermittelt wurde. Zusätzlich werden in der ArbStättV noch besondere Anforderungen an Treppenläufe, Türen, Notausgänge, Kennzeichnungen und Sicherheitsbeleuchtung für und auf Fluchtwegen genannt.

Flucht- und Rettungswege sind gemäß Landesbauordnungen baulich speziell auszubilden. Dabei unterscheiden sich die Landesbauordnungen in einzelnen Punkten. Zu den Flucht- und Rettungswegen können gehören:

- Treppen
- Treppenräume
- Flure und Gänge
- Fenster, Türen, Kellerlichtschächte
- Umwehrungen

Nicht in jedem Gebäude sind all diese Gebäudeteile als Flucht- und Rettungswege ausgebildet, wenn es bauaufsichtlich nicht notwendig ist. Ergänzt werden die länderspezifischen Regelungen u. a. durch Technische Regeln für Arbeitsstätten, wie die ASR A2.3. Sie gibt weitere Rahmenbedingungen vor:

- Fluchtwege, Notausgänge und Notausstiege müssen ständig freigehalten werden.
- Notausgänge und Notausstiege, die von außen verstellt werden können, sind auch von außen zu kennzeichnen.
- Aufzüge sind als Teil des Fluchtweges unzulässig.
- Fahrsteige, Fahrtreppen, Wendel- und Spindeltreppen sowie Steigleitern und Steigeisengänge sind im Verlauf eines ersten Fluchtweges nicht zulässig.
- Fluchtwege sind deutlich erkennbar und dauerhaft zu kennzeichnen.

An dieser Stelle wird empfohlen, die in dem Gebäude oder auf dem Gelände befindlichen Rettungszeichen abzubilden.

Hinweis: Alle im Buch abgedruckten Symbole stehen im Downloadbereich des Buches als einzelne Bilddatei zur Verfügung.

Folgende Rettungszeichen (Auswahl) sind in der ASR A1.3 enthalten:

Abb. 5.6: Richtungspfeile

Abb. 5.7: Notausgang (links)

Abb. 5.8: Notausgang (rechts)

Abb. 5.9: Erste Hilfe

Abb. 5.10: Notruftelefon

Abb. 5.11: Sammelstelle

Abb. 5.12: Automatisierter Externer Defibrillator (AED)

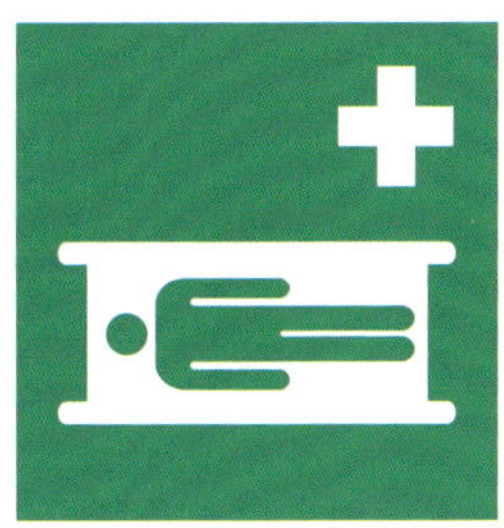

Abb. 5.13: Krankentrage

Abb. 5.14: Notausstieg mit Fluchtleiter

Abb. 5.15: Notausstieg

Flächen für die Feuerwehr

Für bauliche Anlagen ist in den LBO geregelt, dass Zugangsmöglichkeiten für die Feuerwehr vorzusehen sind. Über die baulichen Rahmenbedingungen dieser Zugangsmöglichkeiten ist die Muster-Richtlinie über Flächen für die Feuerwehr auf Grundstücken (MRFlF) zu beachten.

Damit sich die Feuerwehr im Falle eines Brandes auf dem Gelände des Unternehmens zurechtfindet, wird im Rahmen eines Bauantrages oder nach Brandschauen von dem Unternehmen gefordert, Feuerwehrpläne zu erstellen. Diese Pläne dienen dazu, Stellflächen für Feuerwehrfahrzeuge, besondere Gefahrenquellen und Angriffspunkte zu kennzeichnen.

In der Brandschutzordnung ist ein Hinweis zu geben, dass es Flächen für die Feuerwehr gibt, sowie dass diese freigehalten werden müssen.

> In der Brandschutzordnung ist es sinnvoll, den oder die Plätze, an denen sich Stellflächen für die Feuerwehr befinden, aufzulisten.

Mustertext: **Die gekennzeichneten Flächen für die Feuerwehr (Bewegungsflächen und Aufstellflächen) müssen jederzeit freigehalten werden.**

Flucht- und Rettungspläne

In DIN ISO 23601 „Sicherheitskennzeichnung – Flucht- und Rettungspläne" (2021) wird gefordert, dass Flucht- und Rettungspläne in regelmäßigen Zeitabständen zu prüfen sind, damit gewährleistet wird, dass diese gut lesbar, gut erkennbar, verständlich und aktuell sind. Jede Veränderung der baulichen Anlage oder der Brandschutzmaßnahmen muss zwangsweise zu einer Überprüfung der Flucht- und Rettungspläne führen.

DIN ISO 23601 macht einige Vorgaben über den Inhalt und das Layout von Flucht- und Rettungsplänen. Demnach müssen diese enthalten:

- Überschrift
- Übersichtsplan
- Detailplan
- Regeln für das Verhalten im Brandfall und bei Unfällen
- Legende
- sonstige Informationen
- Farbgestaltung
- Fluchtwege
- Sicherheitszeichen
- Standort
- Hintergrundfarbe
- Darstellung von Teilen der baulichen Anlage
- Überschrift
- Text

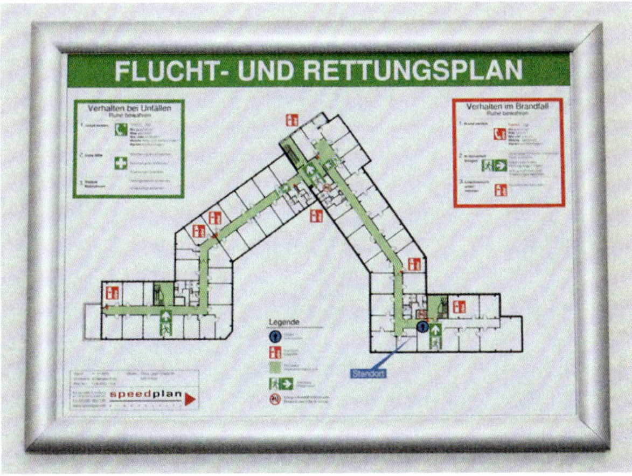

Abb. 5.16: Flucht- und Rettungsplan in einem Gebäude.

In der Brandschutzordnung ist auf die vorhandenen Flucht- und Rettungspläne hinzuweisen und auch eventuell anzugeben, wo diese generell aushängen. Auch ist der Hinweis einzubringen, dass Flucht- und Rettungspläne, die den innerbetrieblichen Verlauf der Rettungswege zeigen, nicht verdeckt oder zugestellt werden dürfen.

Mustertext: **Flucht- und Rettungswege, Treppen und Verkehrswege in Gebäuden und im Freien müssen ständig in voller Breite freigehalten werden. Türen in Flucht- und Rettungswegen und Notausgänge müssen sich während der Anwesenheit von Personen jederzeit von innen öffnen lassen (Panikverriegelungen, elektrische Türentriegelungen) und begehbar sein.**

Mustertext: **Notausgänge und Notausstiege sind stets freizuhalten. Parkende Pkw dürfen die Notausgänge nicht verstellen.**

Mustertext: **Die Lagerung von brennbaren Stoffen im Bereich der Flucht- und Rettungswege ist verboten.**

5.3.6 Melde- und Löscheinrichtungen

Unter diesem Themenfeld sind Hinweise an die Mitarbeitenden auf die vorhandenen Melde- und Löscheinrichtungen zu geben. Diese können abhängig von der Gebäudeausstattung sein:

- Handfeuermelder oder Telefone, mit denen die Feuerwehr direkt erreicht werden kann
- Brandmeldeanlagen
- Meldestellen mit Telefonnummern (z. B. Werkfeuerwehr, Pförtner, Hausverwaltung)
- Wandhydranten
- Feuerlöschgeräte
- Löschdecken

Auch wird empfohlen, in der Brandschutzordnung Teil B Hinweise zu den Standorten der einzelnen Melde- und Löscheinrichtungen zu geben. Dabei ist es sinnvoll auch die zugehörigen graphischen Symbole nach DIN EN ISO 7010 und der ASR A1.3 zu integrieren.

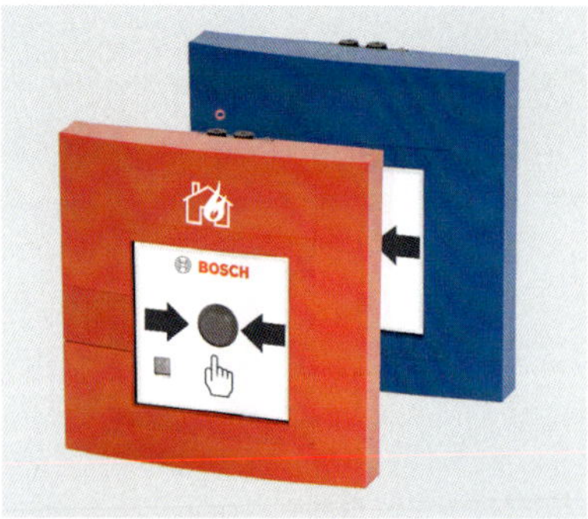

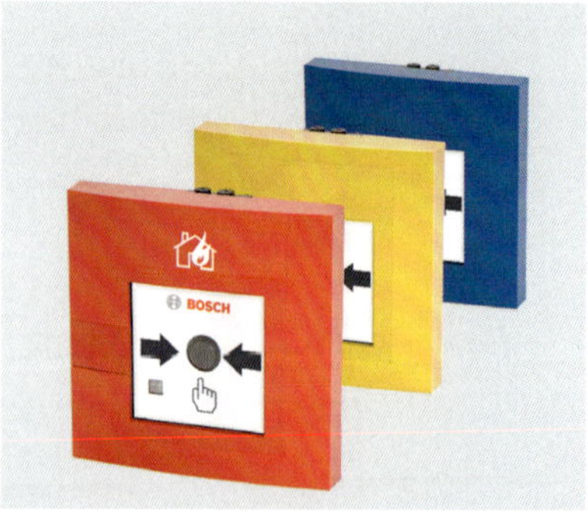

Abb. 5.17 und 5.18: Optisch identisch, in ihrer Auslösefunktion unterschiedlich: Springknopfmelder (links) melden den Brand direkt, sobald die Scheibe zerbricht, Druckknopfmelder (rechts) melden den Brand indirekt, sobald der Knopf gedrückt wird. (Quelle: Bosch Sicherheitssysteme GmbH)

Abb. 5.19: Brandmelder

Abb. 5.20: Brandmeldetelefon

Handfeuermelder oder Telefone, mit denen die Feuerwehr direkt erreicht werden kann

Um einen Brand schnell und effektiv zu melden, sind viele Gebäude mit Meldeeinrichtungen ausgestattet. Dies können Handfeuermelder oder spezielle Telefone sein.

Es gibt zwei Arten von Handfeuermeldern:

- Typ A Springknopfmelder
- Typ B Druckknopfmelder

Die eher selten verwendeten Springknopfmelder (siehe Abb. 5.17) führen zu einer direkten Alarmauslösung, sobald die Scheibe zerbrochen ist. Der Alarm bleibt bestehen, bis die Glasscheibe ersetzt ist.

Bei Druckknopfmeldern (siehe Abb. 5.18) hingegen muss nach dem Zerbrechen der Glasscheibe noch der Druckknopf gedrückt werden, um den Alarm auszulösen (indirekte Alarmauslösung). Die Glasscheibe dient als Schutz gegen unbeabsichtigtes Betätigen bzw. Missbrauch. Abb. 5.19 zeigt das hierfür verwendbare Brandschutzzeichen.

Auch besteht die Möglichkeit, Telefone, die direkt mit der Feuerwehr verbunden sind, einzusetzen. Abb. 5.20 zeigt das zu verwendende Brandschutzzeichen.

Brandmeldeanlagen

Brandmeldeanlagen dienen zur frühzeitigen Erkennung von Bränden. Außer bei Brandmeldeanlagen, die nur durch Handfeuermelder ausgelöst werden, wird die Abhängigkeit von Personen minimiert. Damit wird eine ständige Überwachung eines Bereiches auch in Zeiten ermöglicht, in denen sich keine Personen dort aufhalten. Brandmeldeanlagen dienen neben dem Personenschutz auch dem Schutz von Sachwerten. Allein der Zeitgewinn bei der Registrierung eines Brandes durch diese technische Überwachungseinrichtung kann größere Personen- oder Sachschäden vermeiden helfen. Eine Brandmeldeanlage kann aus den folgenden Komponenten bestehen:

- Brandmeldezentrale (BMZ)
- automatische Brandmelder: punktförmige Rauchmelder, punktförmige Wärmemelder, Rauchansaugsysteme, Lichtstrahlrauchmelder, Flammenmelder usw.
- nichtautomatische Brandmelder (Handfeuermelder)
- Energieversorgung
- Feuerwehrbedienfeld
- Schlüsseldepot
- Ansteuerung von unterschiedlichen Brandschutzeinrichtungen: Türsteuerung, Fahrstuhlsteuerung, Entrauchung usw.
- Störmeldung
- Brandmeldung
- Alarmierung
- Feuerwehrlaufkarten

Eine Brandmeldeanlage zeigt die folgenden Signale an:

- Störmeldung
- Brandmeldung

Nähere Informationen zu Brandmeldeanlagen enthält auch die Normenreihe DIN EN 54 „Brandmeldeanlagen“ (2021), die aktuell aus 18 Teilnormen besteht (nicht genannte Teile existieren nicht oder wurden zurückgezogen):

Teil 1: Einleitung
Teil 2: Brandmelderzentralen
Teil 3: Feueralarmeinrichtungen – Akustische Signalgeber
Teil 4: Energieversorgungseinrichtungen
Teil 5: Wärmemelder – Punktförmige Melder
Teil 7: Rauchmelder – Punktförmige Melder nach dem Streulicht-, Durchlicht- oder Ionisationsprinzip
Teil 9: Erprobungstest
Teil 10: Flammenmelder – Punktförmige Melder
Teil 11: Handfeuermelder
Teil 12: Lichtstrahlrauchmelder
Teil 14: Richtlinie für Planung, Projektierung, Montage, Inbetriebsetzung, Betrieb und Instandhaltung
Teil 16: Sprachalarmzentralen
Teil 17: Kurzschlussisolatoren
Teil 18: Anforderungen für Eingangs-/Ausgangsgeräte für Übertragungswege von Brandmeldeanlagen

Teil 20: Ansaugrauchmelder
Teil 21: Übertragungseinrichtungen für Brand- und Störmeldungen
Teil 23: Feueralarmeinrichtungen; Optische Signalgeber
Teil 25: Bestandteile die Funkverbindungen nutzen und Systemanforderungen

Mustertexte:

- **Im Gebäude ist eine Brandmeldeanlage mit Aufschaltung zur Feuerwehr vorhanden.**
- **Eine Brandmeldung zur Feuerwehr erfolgt automatisch über die Brandmeldeanlage.**
- **Die Alarmierung der Feuerwehr erfolgt telefonisch über den Feuerwehrnotruf.**
- **Die Telefone befinden sich am Empfang.**

Meldestellen mit Telefonnummern

Neben den Brandmeldeanlagen sind auch die Telefonnummern der zu informierenden Meldestellen (z. B. Werkfeuerwehr, Pförtner, Hausverwaltung) in die Brandschutzordnung aufzunehmen.

Mustertext: **Es steht nur die Notrufmeldung über ein Telefon zur Verfügung – Feuerwehrnotruf 0-112.**

Mustertext: **Die Alarmierung der Feuerwehr erfolgt über die Rufnummer 0-112. Die Telefone zur Alarmierung befinden sich in allen Meisterbüros.**

Wandhydranten

Wandhydranten werden in Gebäuden eingesetzt, in denen es aufgrund der Höhe der Brandgefährdung sinnvoll ist, eine große Menge an Löschwasser vorzuhalten, um Brände schnellstmöglich zu löschen. Es wird zwischen zwei Arten von Wandhydranten unterschieden:

- Wandhydranten mit Feuerwehrschlauch/Flachschlauch oder
- Wandhydranten mit formstabilem Schlauch.

Wandhydranten werden in den letzten Jahren abhängig von dessen Nutzung auch mit unterschiedlichen Brandschutzzeichen gekennzeichnet:

Abb. 5.21: Wandhydrant Typ S. Nur zur Erstbrandbekämpfung durch Laien, nicht für die Feuerwehr geeignet.

Abb. 5.22: Wandhydrant Typ F. Die Brandbekämpfung ist durch Laien (Selbsthilfe) wie auch durch die Feuerwehr möglich.

Abb. 5.23: Allgemeine Kennzeichnung im Wandhydranten

Die Wandhydranten Typ F und Typ S unterscheiden sich im Anwendungsbereich, in der Löschleistung und hinsichtlich der Anforderungen an den Wasseranschluss. Der Wandhydrant Typ F dient an Löschwasserleitungen nass oder nass/trocken der Feuerwehrnutzung und der Löschwasserversorgung der Feuerwehrkräfte. Gleichzeitig kann der Wandhydrant mit dem formstabilen Schlauch auch von Personen ohne spezielle Fachkenntnisse genutzt werden.

Der Wandhydrant Typ S mit einer reduzierten Löschwassermenge von bis zu 24 l/min dient ausschließlich der Selbsthilfe. Dieser Typ kann zusätzlich auch direkt an die Trinkwasserinstallation angeschlossen werden, wenn die geltenden Anforderungen an den unmittelbaren Anschluss eingehalten werden.

Feuerlöschgeräte

Alle Mitarbeitenden sind über die nahe an ihrem Arbeitsplatz gelegenen Standorte und Wirkungsweisen von Einrichtungen zur Brandbekämpfung (z. B. Feuerlöscher, siehe Abbildung 5.24) und Brandmeldeeinrichtungen zu unterrichten. Die jeweiligen Orte der vorhandenen Feuerlöschgeräte sind auch in den Flucht- und Rettungsplänen dargestellt.

Je nach Einsatzgebiet gibt es unterschiedliche Feuerlöscherarten. Die Unterschiede und deren Auswirkung sind im Rahmen der Brandschutzbeauftragten-Ausbildung zu vermitteln. Tabelle 5.2 zeigt die unterschiedlichen Brandklassen. In Tabelle 5.3 sind die dafür geeigneten Feuerlöscher dargestellt.

Tabelle 5.2: Brandklassen (Quelle: B·A·D Gesundheitsvorsorge und Sicherheitstechnik GmbH)

Brandklasse	brennbare Stoffe
 A	brennbare feste, organische unter Glutbildung verbrennende Stoffe
 B	brennbare flüssige und flüssigwerdende Stoffe
 C	brennbare Gase
 D	brennbare Metalle und deren Verbindungen
 F	Brände von Speiseölen/-fetten in Frittier- und Fettbackgeräten und anderen Kücheneinrichtungen und -geräten

Tabelle 5.3: Feuerlöschertypen (Quelle: B·A·D Gesundheitsvorsorge und Sicherheitstechnik GmbH)

Feuerlöschertypen	für Brandklassen geeignet	Art der Brände
Wasserlöscher	A	brennende Feststoffe, brennende Personen
Schaumlöscher	A B	brennende Feststoffe, brennende Flüssigkeiten; (brennende Personen)
Glutbrand-Pulverlöscher	A B C	brennende Feststoffe, Flüssigkeiten und Gase; (brennende Personen)
CO_2 Löscher	B	Elektrogeräte-, Maschinenbrände, Laborbrände, Flüssigkeitsbrände
Metallbrandlöscher	D	Metallbrände
Fettbrandlöscher	F	Fettbrände

Abb. 5.24: Beispiel für einen Feuerlöscher (Bild von Hans auf Pixabay)

Abb. 5.25: Hinweis auf einen Feuerlöscher, unten: Symbol nach DIN ISO 23601, oben: Symbol nach DIN 4844

Empfehlenswert kann es sein, die unterschiedlichen Feuerlöschertypen, die in dem Gebäude zur Verfügung stehen, darzustellen und eventuell deren Standorte aufzulisten.

Mustertext: **Folgende Löscheinrichtungen sind vorhanden und können zur Brandbekämpfung angewandt werden:**

Mustertext: **Jeder Mitarbeitende ist verpflichtet, sich mit der Lage und Funktion der in seinem Arbeitsbereich befindlichen Feuerlöscher oder anderen Löscheinrichtungen vertraut zu machen. Dies geschieht idealerweise auch über die Bedienungsanleitung der jeweiligen Einrichtung.**

Mustertext: **Der Austausch benutzter oder defekter Feuerlöscher sowie das Fehlen von Feuerlöschern ist der vorgesetzten Person sofort mitzuteilen.**

Löschdecken

In DIN EN 1869 „Löschdecken" (2019) werden Anforderungen an Löschdecken und deren Aufbewahrung festgelegt. Löschdecken (Piktogramm siehe Abb. 5.26) helfen bei der Bekämpfung kleiner Brände in der Entstehungsphase. Dass Löschdecken bei längerem Kontakt mit Flammen ebenfalls brennen können, ist möglich. Trotzdem erfüllen Löschdecken in der Entstehungsphase von Bränden ihren Zweck.

Abb. 5.26: Löschdecke

Die Norm schränkt den Anwendungsbereich ein, indem nur Löschdecken betrachtet werden, die einmalig durch einzelne Personen verwendbar sind. Die Löschdecke erstickt kleine Brände und begrenzt das Risiko, dass die Verwendenden einen elektrischen Schlag erleiden, wenn Brände von elektrischen Geräten bekämpft werden.

Sollten daher im Betrieb Löschdecken zur Verfügung gestellt werden, sind die Mitarbeitenden in der Brandschutzordnung darauf hinzuweisen und die Standorte mitzuteilen.

5.3.7 Verhalten im Brandfall

Bei diesem Themenbereich geht es darum, auf das Verhalten im Brandfall hinzuweisen. Damit soll unüberlegtes, fehlerhaftes Handeln und auch Panik vermieden werden.

Das Verhalten im Brandfall kann durch einen möglichen Ablauf nach der Alarmierung dargestellt werden: Dieser kann wie folgt aussehen:

- Ruhe bewahren
- Feuerwehr alarmieren, Brand melden
- Personen alarmieren und informieren
- den Brand bekämpfen
- in Sicherheit bringen, ggf. Menschen unterstützen
- keine Aufzüge benutzen
- Fenster und Türen schließen
- Feuerwehr erwarten

Mustertext: **Vermeiden Sie Panik und handeln Sie gezielt!**

Mustertext Brandmeldeanlage: **Das Auslösen eines Feueralarms erfolgt durch Betätigen eines roten Handfeuermelders oder durch automatisches Auslösen eines Rauchmelders. Es ertönt ein akustisches Signal.**

Mustertext Hausalarmanlage: **Das Auslösen der Alarmierung erfolgt durch das manuelle Betätigen eines blauen Handtasters. Es ertönt ein akustisches Signal.**

Mustertext Alarmierung ohne technische Maßnahmen: **Die Alarmierung erfolgt durch akustische Signale durch Handsirenen, Trillerpfeifen oder Megafone.**

Mustertext: **Die Alarmierung im Brandfall erfolgt über die Brandmeldezentrale entweder automatisch durch das Auslösen eines Rauchmelders oder wird manuell über das Betätigen des roten Handfeuermelders ausgelöst. Es ertönt ein akustisches Signal.**

Mustertext: **Nach der Alarmierung der Feuerwehr sollen die folgenden Personen über den Brand unterrichtet werden:**
Geschäftsführung – Telefon:
Brandschutzbeauftragter – Telefon:
Weitere – Telefon:

Mustertext: **Türen und Fenster schließen, um Rauchausbreitung und Brandüberschlag zu verhindern.**

5.3.8 Brand melden

Der Brand ist unverzüglich an die zuständige Feuerwehr zu melden. Auch eine zügige Alarmierung im Ereignisfall über festgelegte Alarmierungs-/Meldewege ist eine sehr wichtige Grundlage für das schnelle Handeln. An dieser Stelle empfehle ich, die Meldewege abzubilden bzw. Informationen zur Meldung zu integrieren. Erarbeiten und legen sie einen gut durchdachten und umsetzbaren Meldeweg fest, aus dem unmissverständlich hervorgeht:

WER? → WANN? → WEN?

verständigt.

Hier bitte unbedingt auf die örtlichen Vorgänge der Behörden sowie der Feuerwehren achten, da diese teilweise geringfügig voneinander abweichen können.

Mustertext: **Den Brand unverzüglich bei der Feuerwehr melden. Benutzen Sie dazu die Ihnen zur Verfügung stehenden Alarmierungsmöglichkeiten.**

Telefon 0-112

Telefone befinden sich…

Brandmeldeanlage auslösen

Handfeuermelder betätigen

In DIN 14096 sind die folgenden 5 W-Fragen angegeben, wovon, wie oben beschrieben, bei der Meldung an die Feuerwehr jedoch teilweise abgewichen wird.

Wer meldet?	**Name des Meldenden**
Was ist passiert?	**Brand, Verpuffung, Feuer, Explosion u. a.**
Wie viele Verletze?	**Angaben zur Person, Verletzungsart etc.**
Wo ist etwas passiert?	**(Ort nennen)**
Warten auf Rückfragen	**Erst wenn Leitstelle/Feuerwehr OK gibt, auflegen**

5.3.9 Alarmsignale und Anweisungen beachten

Für die Alarmierung ist es wichtig, den Mitarbeitenden alle Informationen zu den Alarmierungsmöglichkeiten mitzuteilen sowie auch zu kommunizieren, welche Alarmierung was bedeutet und wie sich dann zu verhalten ist.

Zusätzlich ist anzugeben, wer welche Anweisungen geben darf und dass unmittelbar bei Eintreffen die Feuerwehr die Steuerung und die Anweisungen vornimmt. Erst die Feuerwehr gibt das Gebäude oder Gelände wieder frei, sodass die Mitarbeitenden wieder an ihre Arbeitsplätze zurückkehren können.

Mustertext: **Durch die Alarmierung ertönt ein akustisches Signal und ein optisches Signal in Form eines roten Blitzlichtes.**

Mustertext: **Bei Wahrnehmung des akustischen/optischen Signals sind die Arbeiten sofort einzustellen. Das Gebäude ist unverzüglich zu verlassen und die Sammelstelle ist aufzusuchen.**

Mustertext: **Den Anweisungen der Geschäftsführung und Einsatzleitung ist Folge zu leisten.**

5.3.10 In Sicherheit bringen

Im Falle eines Brandereignisses ist der Gefahrenbereich zu verlassen. Dabei sind einige Regeln zu beachten. Hierzu gehört, dass Aufzüge nicht benutzt werden dürfen.

Mustertext: **Verlassen Sie das Gebäude zügig und achten Sie dabei auf die Flucht- und Rettungswegkennzeichnung.**

Mustertext: **Aufzüge dürfen im Brandfall nicht benutzt werden!**

Abb. 5.27: Verbot, den Aufzug zu benutzen

Auch ist darauf zu achten, gefährdete, behinderte oder verletzte Personen mitzunehmen und zu begleiten, bis diese den Gefahrenbereich verlassen haben.

Mustertext: **Nehmen Sie verletzte oder hilfsbedürftige Personen auf Ihrem Fluchtweg mit.**

Weiterhin gehört dazu, wie man sich zu verhalten hat, wenn der erste bekannte Fluchtweg verraucht ist.

Mustertext: **Sind Fluchtwege versperrt oder verraucht, machen Sie sich an der nächstmöglichen Gebäudeöffnung bemerkbar. Türen sind zu schließen und ggf. ist das Eindringen von Brandrauch durch Ritzen und Schlüssellöcher mit angefeuchteten Tüchern zu verhindern. Das Eintreffen der Feuerwehr ist abzuwarten.**

Auch sind Hinweise für die Fluchtwegkennzeichnung aufzunehmen, an denen sich die Mitarbeitenden orientieren können, sowie auch Hinweise auf Erste-Hilfe-Einrichtungen und auch letztlich die aufzusuchende Sammelstelle.

Mustertext: **Steht für die Flucht kein baulicher Fluchtweg zur Verfügung, dann begeben Sie sich in Räume, die mit Rettungsausstiegen oder Notausstiegen gekennzeichnet sind.**

Mustertext: **Begeben Sie sich auf die angegebene Sammelstelle.**

Gibt es ein Evakuierungskonzept, ist an dieser Stelle darauf hinzuweisen. Ist dieses nicht vorhanden, sollte das Unternehmen ein solches entwickeln und dessen Umsetzung mindestens einmal jährlich üben. Dies ist verankert in § 4 ArbstättV:

„(4) […] Der Arbeitgeber hat einen Flucht- und Rettungsplan aufzustellen, wenn Lage, Ausdehnung und Art der Benutzung der Arbeitsstätte dies erfordern. Der Plan ist an geeigneten Stellen in der Arbeitsstätte auszulegen oder auszuhängen. In angemessenen Zeitabständen ist entsprechend dieses Planes zu üben.“

5.3.11 Löschversuche unternehmen

Löschversuche sollen nur unternommen werden, wenn die Eigengefährdung vermieden wird. Brandschutzhelfende sind hierfür zusätzlich ausgebildet und können die Erstbekämpfung durchführen. Hier sind klare Anweisungen zu geben, wann was durch wen erfolgen soll. Das richtige Vorgehen beim Löschen eines Brandes mit einem Löschgerät kann beispielsweise wie folgt aussehen:

Hinweise zum richtigen Einsatz von Feuerlöschgeräten:

- Gebückt vorgehen!
- Feuerlöscher erst am Brandherd in Betrieb setzen!
- Feuer in Windrichtung angreifen!
- Flächenbrände (Flüssigkeiten, Benzin etc.) von vorn beginnend ablöschen!
- Tropf- und Fließbrände von oben nach unten löschen!
- Angemessene Anzahl von Löschern auf einmal einsetzen, nicht nacheinander!

- Löschmittelreserve zurückhalten!
- Brandstelle weiter beobachten, Vorsicht vor Wiederentzündung!
- Feuerschutzabschlüsse, Fenster und Türen sind zu schließen.
- Beim Ablöschen von Personen möglichst kein Kohlendioxid verwenden.
- Beim Löschen 1 m Abstand zu stromführenden Geräten halten.
- Benutzungsdauer eines Löschers zwischen 8 und 15 Sekunden beachten.
- Kohlendioxidlöscher haben eine längere Benutzungsdauer, ca. 30 Sekunden.

Tabelle 5.4: Handhabung von Feuerlöschern (Quelle: Laschinsky/Wiemann, Brandschutzhelfer, 2021)

	• Nur Entstehungsbrände mit Feuerlöschern bekämpfen • Inbetriebnahme des Feuerlöschers erst in unmittelbarer Nähe des Brands • Feuer in Windrichtung angreifen • Bei wechselnden Windrichtungen muss man sich für eine Hauptwindrichtung entscheiden und von dieser Seite die Brandbekämpfung durchführen
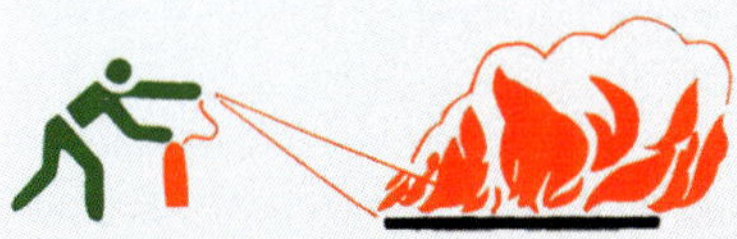	• Flächenbrände von vorne beginnend ablöschen • Kein Dauerbetrieb, Brand stoßweise ablöschen • Sich dabei, wenn möglich, geduckt vorwärts bewegen • Brand systematisch von vorne beginnend nach hinten ablöschen
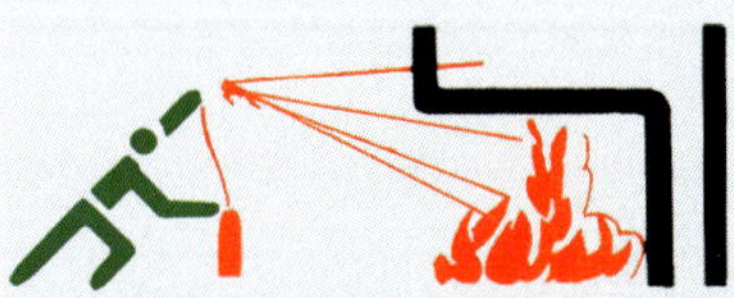	• Von unten nach oben löschen • Lediglich Tropf- und Fließbrände von oben nach unten löschen. (Das hat den Grund, dass sich der primäre Brand oben befindet und sich auf dem Boden lediglich ein Sekundärbrand gebildet hat. Der Sekundärbrand ist erst nach dem Löschen des Primärbrands zu bekämpfen.)
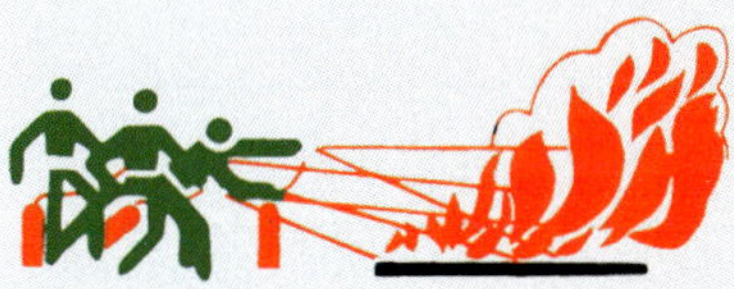	• Über Flüssigkeitsbränden eine möglichst geschlossene Pulverwolke ausbilden. Diese fällt dann auf den Brandherd herunter • Genügend Löscher auf einmal einsetzen, nicht nacheinander • Danach müssen noch kleinere Brandnester abgelöscht werden.
	• Vorsicht vor Wiederentzündung • Rückzündungen können das Feuer wieder entflammen lassen.
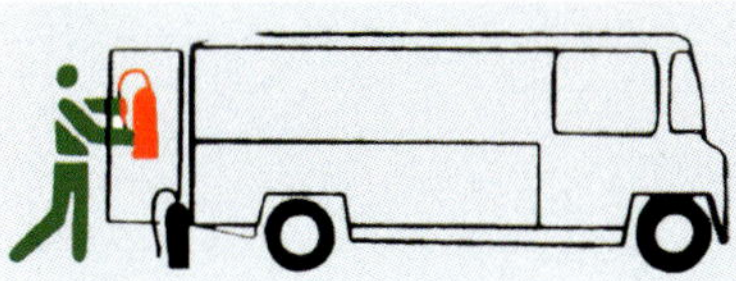	• Feuerlöscher, die zur Brandbekämpfung benutzt oder auch nur entplombt worden sind, unverzüglich instand setzen und wieder einsatzfähig machen lassen.

Hinweise zum richtigen Einsatz des Löschschlauchs:

- vor Gebrauch Ventilrad im Kasten nach links drehen
- Strahlrohr herausnehmen und so weit wie nötig abwickeln
- beim Löschen mindestens 3 m Abstand zu stromführenden Geräten halten
- nach Gebrauch das Ventil rechtsdrehend wieder verschließen

Hinweise zur Brandbekämpfung von brennenden Personen:

- Brennende Person am Weglaufen hindern. Personen, die brennen, reagieren meist panisch und laufen oft weg.
- Erstes Mittel zur Brandbekämpfung einer brennenden Person ist Wasser. Neben der Löschwirkung führt Wasser auch zu einer Kühlung der betroffenen Körperregionen und lindert somit auftretende Schmerzen.
- Auch Feuerlöscher (idealerweise Wasserlöscher) eignen sich als Mittel zur Brandbekämpfung von brennenden Personen. Stehen nur CO_2-Löscher zur Verfügung, ist darauf zu achten, dass Erfrierungsgefahr besteht, wenn das CO_2 auf die Haut trifft.
- Werden Feuerlöscher zur Brandbekämpfung an einer brennenden Person angewandt, sollte
  - ein Mindestabstand von 2 bis 3 m eingehalten werden,
  - das Gesicht möglichst nicht mit Löschmittel beaufschlagt werden,
  - der erste Löschimpuls auf den Oberkörper gerichtet sein, so schützt man Hals und Kopf vor hochentzündlichen Flammen, anschließend den Löschstrahl am Körper nach unten und zu den Seiten führen.
- Bei der Verwendung von Decken, Jacken oder anderem dichten Gewebe kann es zu starken Verbrennungen auf der Haut kommen. Beim Andrücken des Gewebes werden brennende oder glühende Stoffteile intensiv auf die Haut gedrückt.
- Nach Ablöschen sind bei Bedarf sofort lebensrettende Maßnahmen einzuleiten und der Rettungsdienst ist zu alarmieren.
- Betroffene Körperstellen sind kurzzeitig mit Wasser zu kühlen, jedoch ist darauf zu achten, dass die Kühlung nicht zu einer Unterkühlung der Person führt.

5.3.12 Besondere Verhaltensregeln

In diesem Bereich können zusätzliche, bisher noch nicht genannte Verhaltensregeln benannt werden.

5.3.13 Anhang

In den Anhang kommen Dokumente, die im Rahmen des Brandschutzes verwendet werden. Dazu können gehören:

- Checklisten
- Richtlinien für feuergefährliche Arbeiten
- Erlaubnisschein für feuergefährliche Arbeiten
- Unterweisungsnachweis
- Formular zur Meldung von Bränden

5.4 Checklisten

Alle Checklisten stehen im Downloadbereich des Buches als Word-Dokument zur Verfügung.

Brandschutzordnung

Muster-Objekt

Checkliste 5 – Brandschutzordnung Teil B, Format

Kriterien	Ja	Nein	Bemerkung
Besteht der Teil B aus einem Format A4, A5 oder A6?	☐	☐	
Heben sich fremdsprachliche Texte vom deutschen Text ab?	☐	☐	
Hat der Teil B eine Gliederung?	☐	☐	
Sieht die Gliederung wie folgt aus? a) Einleitung b) Brandschutzordnung Teil A (Aushang) c) Brandverhütung d) Brand- und Rauchausbreitung e) Flucht- und Rettungswege f) Melde- und Löscheinrichtungen g) Verhalten im Brandfall h) Brand melden i) Alarmsignale und Anweisungen beachten j) in Sicherheit bringen k) Löschversuche unternehmen l) Besondere Verhaltensregeln m) Anhang	☐	☐	

(Ort / Datum / Zeit) Unterschrift des Erstellenden

Brandschutzordnung

Muster-Objekt

Checkliste 6 – Brandschutzordnung Teil B, Einleitung

Kriterien	Ja	Nein	Bemerkung
Enthält die Einleitung allgemeine Erläuterungen?	☐	☐	
Ist ein Geltungsbereich angegeben?	☐	☐	
Ist ein Inkraftsetzungsdatum mit Unterschrift des Arbeitgebers vorhanden?	☐	☐	
Ist der Personenkreis benannt, für den dieser Teil gilt?	☐	☐	

(Ort / Datum / Zeit) Unterschrift des Erstellenden

Brandschutzordnung

Muster-Objekt

Checkliste 7 – Brandschutzordnung Teil B, Brandverhütung

Kriterien	Ja	Nein	Bemerkung
Sind Verbote enthalten zu:			
• Rauchen?	☐	☐	
• Feuer?	☐	☐	
• Offenen Flammen?	☐	☐	
• Offenen Zündquellen?	☐	☐	
Sind Sicherheitsvorschriften enthalten zu:			
• Feuergefährlichen Arbeiten?	☐	☐	
• Explosionsgefahren?	☐	☐	
• Brennbaren Abfällen?	☐	☐	
• Elektrischen Geräten?	☐	☐	
• Gasbetriebenen Geräten?	☐	☐	
• Anderen Zündquellen?	☐	☐	
Sind andere Sicherheitsvorschriften enthalten?	☐	☐	

(Ort / Datum / Zeit) Unterschrift des Erstellenden

Brandschutzordnung

Muster-Objekt

Checkliste 8 – Brandschutzordnung Teil B, Brand- und Rauchausbreitung

Kriterien	Ja	Nein	Bemerkung
Sind Hinweise enthalten zu:			
• Feuerschutzabschlüssen?	☐	☐	
• Rauchschutzabschlüssen?	☐	☐	
• Rauch- und Wärmeabzugsanlagen?	☐	☐	
• Vermeidung der Anhäufung brennbarer Stoffe?	☐	☐	

(Ort / Datum / Zeit) Unterschrift des Erstellenden

Brandschutzordnung

Muster-Objekt

Checkliste 9 – Brandschutzordnung Teil B, Flucht- und Rettungswege

Kriterien	Ja	Nein	Bemerkung
Sind Hinweise enthalten zu:			
• Freihaltung von Fluchtwegen?	☐	☐	
• Freihaltung von Rettungswegen?	☐	☐	
• Flucht- und Rettungspläne nicht zustellen oder verdecken?	☐	☐	
• Feuerlösch- und Meldemöglichkeiten nicht verstellen oder zudecken?	☐	☐	

(Ort / Datum / Zeit) Unterschrift des Erstellenden

Brandschutzordnung

Muster-Objekt

Checkliste 10 – Brandschutzordnung Teil B, Melde- und Löscheinrichtungen

Kriterien	Ja	Nein	Bemerkung
Sind Hinweise enthalten zu:			
• Handfeuermeldern?	☐	☐	
• Telefonen zur Meldung an die Feuerwehr?	☐	☐	
Sind Angaben enthalten über			
• Wandhydranten?	☐	☐	
• Feuerlöschgeräte?	☐	☐	
• Löschdecken?	☐	☐	

(Ort / Datum / Zeit) Unterschrift des Erstellenden

Brandschutzordnung

Muster-Objekt

Checkliste 11 – Brandschutzordnung Teil B, Alarmsignale und Anweisungen

Kriterien	Ja	Nein	Bemerkung
Sind Hinweise zu akustischen und/oder optischen Alarmsignalen und deren Bedeutung enthalten?	☐	☐	
Ist festgelegt, welche Personen Anweisungen erteilen dürfen?	☐	☐	
Beinhaltet dieser Bereich die Information, dass ab Eintreffen der Feuerwehr nur von dieser Anweisungen erteilt werden dürfen?	☐	☐	

(Ort / Datum / Zeit) Unterschrift des Erstellenden

Brandschutzordnung

Muster-Objekt

Checkliste 12 – Brandschutzordnung Teil B, In Sicherheit bringen

Kriterien	Ja	Nein	Bemerkung
Sind Hinweise enthalten zu:			
• Wie der Gefahrenbereich zu verlasen ist?	☐	☐	
• Dass Aufzüge nicht benutzt werden dürfen?	☐	☐	
• Wie mit behinderten, verletzten oder gefährdeten Personen umzugehen ist?	☐	☐	
Sind Regeln enthalten, wie man sich bei einem verrauchten Fluchtweg bemerkbar macht?	☐	☐	
Sind Angaben zu Fluchtwegkennzeichnungen enthalten?	☐	☐	
Sind Angaben zu Erste-Hilfe-Ausrüstungen, -Einrichtungen und -Personal enthalten?	☐	☐	
Gibt es Hinweise zur Sammelstelle?			

(Ort / Datum / Zeit) Unterschrift des Erstellenden

6 Brandschutzordnung Teil C

Teil C der Brandschutzordnung richtet sich an Personen, denen neben ihren normalen Aufgaben und Pflichten im Unternehmen besondere Aufgaben im Brandschutz übertragen wurden. Dazu gehören Brandschutzhelfende, Brandschutzbeauftragte, Führungskräfte etc.

Teil C muss den in Teil C benannten Personenkreisen mindestens in schriftlicher Form zur Verfügung gestellt werden. Wichtig hierbei ist, dass nachzuweisen ist, dass auch jede Person ein Exemplar für den Eigengebrauch erhalten hat und sich mit den Inhalten vertraut macht. Daher empfiehlt die Norm, sich die Kenntnisnahme von jeder einzelnen entsprechenden Person schriftlich bestätigen zu lassen. Auch hier gilt, wie bei Teil B, der § 4 der DGUV-Vorschrift 1.

Besondere Aufmerksamkeit verdient auch hier der Passus *„[...] mindestens einmal jährlich [...]“*. Er sagt aus, dass die Unterweisung der Brandschutzordnung Teil C, wie auch bei Teil B, mindestens einmal jährlich erfolgen muss und dass dies jeweils zu dokumentieren ist.

Hier wird ebenfalls eine schriftliche Bestätigung empfohlen, damit im Ereignisfall gegenüber den Aufsichtsbehörden und eventuell der Staatsanwaltschaft die Fürsorgepflicht nach Arbeitsschutzgesetz nachgewiesen werden kann.

Teil C der Brandschutzordnung wird in DIN 14096 Abschnitt 8 geregelt, der Vorgaben zu den folgenden Punkten enthält:

- Allgemeines
- Anforderungen ans Format
- Gliederung und Inhalt

Von den Vorgaben kann, wie auch bei Teil B, abgewichen werden, wenn die durch die Norm zu erreichenden Schutzziele eingehalten werden. Auch hier ist wichtig, zu begründen, warum trotz der Abweichungen die gleichen Schutzziele erreicht werden.

Befinden sich auf dem Gelände mehrere Gebäude gleicher Art, ist zu erwägen, nur eine Brandschutzordnung Teil C zu erstellen, in der innerhalb der einzelnen Kapitel auf die Unterschiede in den einzelnen Gebäuden hingewiesen wird. Die Erfahrung hat gezeigt, dass die Teile C meist deckungsgleich sind und nur wenige Differenzen aufweisen. Ein Vorteil ist dann, dass der Aktualisierungsaufwand hier durch die Zusammenlegung deutlich vermindert wird.

Während Teil B eher Regeln für Mitarbeitende festlegt und beschreibt, ist Teil C dafür gedacht, aufzuzeigen, wer für die Einhaltung der in Teil B genannten Regeln verantwortlich ist. Um jedoch die jeweilige Verantwortung übernehmen zu können, müssen diese Aufgaben auch an die genannten Personengruppen übertragen worden sein. Dies kann mittels Arbeitsvertrag, Tätigkeitsbeschreibung oder Bestellung erfolgen. Dies sollte vor der Erstellung der Brandschutzordnung Teil C gesichtet, geprüft und eventuell ergänzt werden.

Zu vermeiden ist die Nennung von Namen, da deren Änderung grundsätzlich zur Folge hat, dass Teil C der Brandschutzordnung allen Personen, für die Teil C gedacht ist, neu ausgedruckt und mittels Bestätigung durch Unterschrift neu übergeben werden müsste. Stattdessen sollten daher die Funktionen der Personen genannt werden, wie z. B. Geschäftsführerin oder Geschäftsführer, Werkleitender.

6.1 Bezeichnung

Nach DIN 14096, Abschnitt 4, hat die Bezeichnung der Brandschutzordnung Teil C wie folgt zu lauten:

Brandschutzordnung DIN 14096 – C

Sollte eine andere Bezeichnung, wie z. B. Brandschutzordnung DIN 14096 Teil C verwendet werden, ist es möglich, dass die Brandschutzordnung dann nur akzeptiert wurde, wenn in den exakten Wortlaut der DIN 14096 genannten Bezeichnung korrigiert wurde. Dies gilt ebenso für die Teile A und B der Brandschutzordnung.

6.2 Format, Schrift

Für Teil A der Brandschutzordnung ist das Format A4 oder größer vorgegeben. Für Teil B sind laut DIN 14096 nur die Formate A4, A5 und A6 erlaubt. Für Teil C wird die Vorgabe für Teil B leicht abgeschwächt, indem hier die Formate A4, A5 und A6 empfohlen werden. Welches der Formate letztlich verwendet wird, sollte das Unternehmen für sich selbst entscheiden.

Im Gegensatz zu den Vorgaben zur Schriftart oder zur graphischen Gestaltung wird, wie in Teil B auch, für Teil C auf Vorgaben verzichtet. Es empfiehlt sich jedoch auch hier ein einheitlicher Auftritt, sodass sich die gleiche Gestaltung wie bei den Teilen A und B ergibt.

In Teil A ist das Einfügen von fremdsprachlichen Texten nicht erlaubt. In Teil B wird dies unter der Bedingung gestattet, dass die fremdsprachlichen Inhalte von dem deutschen Text deutlich abzuheben sind. In Teil C gibt es keinerlei Vorgaben hierzu.

Empfehlenswert ist, hier die gleiche Vorgehensweise anzuwenden wie in Teil B.

6.3 Aufbau

Die Norm 14096 gibt für Teil C, wie auch schon für Teil B, eine Reihenfolge der Inhalte vor. Zusätzliche Inhalte oder Änderungen der Überschriften sind laut Norm nicht zulässig. Inhalte, die nicht befüllt werden, dürfen weggelassen werden, sollten aber in der Übersicht dennoch aufgeführt werden, damit die Aufzählung weiterhin die vorgegebenen 8 Inhaltsabschnitte enthält. Die Norm gibt auch hier Hinweise, wie die Inhalte der einzelnen Abschnitte befüllt werden können, da die genannten Aufgaben für die Personengruppen, die besondere Aufgaben im Brandschutz übernehmen, im Falle eines Ereignisses wichtig sind.

Die einzelnen Inhaltsabschnitte lauten:

a) Einleitung
b) Brandverhütung
c) Meldung und Alarmierungsablauf
d) Sicherheitsmaßnahmen für Personen, Tiere, Umwelt und Sachwerte
e) Löschmaßnahmen
f) Vorbereitung für den Einsatz der Feuerwehr
g) Nachsorge
h) Anhang

Es ist darauf zu achten, dass eine alphabetische Aufzählung erfolgt, da es schon geschehen ist, dass Brandschutzordnungen, die eine numerische Aufzählung hatten, von den Aufsichtsbehörden abgelehnt wurden bzw. nachzubessern waren.

Hinweis: Die nun folgenden Unterkapitel gehen näher auf die Inhalte zu den einzelnen Abschnitten ein. Die dort zur Verfügung gestellten Mustertexte sind Vorschläge und müssen an die betrieblichen Gegebenheiten angepasst werden.

6.3.1 Einleitung

Zu Beginn des Teils C ist, wie bei Teil B, eine Einleitung zu erstellen, die die folgenden Inhalte haben soll:

- Allgemeine Erläuterungen zur Brandschutzordnung
- Geltungsbereich, Personenkreis (Personen mit besonderen Brandschutzaufgaben)
- Inkraftsetzung mit Datum und Unterschrift

Allgemeine Erläuterungen zur Brandschutzordnung

DIN 14096 enthält keine spezifischen Angaben zu den hier einzufügenden Inhalten. Es gibt jedoch Erfahrungswerte, welche möglichen Informationen hier sinnvoll sind.

Eine einleitende Darstellung zu Sinn und Zweck einer Brandschutzordnung hilft den Mitarbeitenden, zu verstehen, warum ihnen das Folgende zur Verfügung gestellt wird.

Geltungsbereich, Personenkreis

Ein nicht zu unterschätzender Aspekt ist die Festlegung des Geltungsbereiches (betroffener Personenkreis) für die Brandschutzordnung. Eine Brandschutzordnung gilt, wie zu Beginn des Kapitels dargestellt, nicht nur für Betriebsangehörige, sondern auch für nicht nur vorübergehend in dem Gebäude tätige Unternehmen.

Mustertext: **Die Brandschutzordnung Teil C wendet sich an alle Mitarbeitenden der Muster GmbH, die über ihre allgemeinen Pflichten hinaus besondere Aufgaben im Brandschutz sowie im Alarm- und Brandfall wahrnehmen. Alle Mitarbeitende sind verpflichtet, sich so zu informieren, dass ihnen im Brandfall ein sachgerechtes Verhalten möglich ist.**

Inkraftsetzung mit Datum und Unterschrift

Damit eine Brandschutzordnung wirksam wird, ist es erforderlich, dass diese von der Arbeitgeberseite oder einem berechtigten Vertretenden unterschrieben und mit Datum versehen ist. Die alleinige Unterschrift der Arbeitgeberseite ist völlig ausreichend. Zu beachten ist, dass auch Teil C der Brandschutzordnung eine Arbeitsanweisung in Bezug auf den Arbeitsschutz ist und daher laut § 87 Abs. 1 Nr. 7 BetrVG mitbestimmungspflichtig ist. Auch hier ist der Betriebs-/Personalrat bei der Erstellung hinzuzuziehen, spätestens jedoch bei der Veröffentlichung.

Daher empfiehlt es sich auch hier, bei der Erarbeitung der Brandschutzordnung frühzeitig den zuständigen Betriebs- oder Personalrat einzubinden.

> Der Betriebs- oder Personalrat sollte mit auf der Brandschutzordnung unterschreiben. Auf diese Weise werden die Mitarbeitenden dafür sensibilisiert, dass ein Verhalten entgegen den Regelungen der Brandschutzordnung personalrechtliche Schritte nach sich ziehen kann.

Darüber hinaus ist es empfehlenswert, alle an der Erstellung der beteiligten Personen oder Personengruppen ebenfalls unterschreiben zu lassen. Dazu können gehören:

- Brandschutzbeauftragter und -beauftragte
- Fachkraft für Arbeitssicherheit
- Personalabteilung
- Beteiligte Beauftragte

In Teil C sollte die Anordnung der Unterschriften genauso wie in Teil B sein, um eine Einheitlichkeit in der Brandschutzordnung zu schaffen.

6.3.2 Brandverhütung

In Teil B der Brandschutzordnung geht es in diesem Themenblock in erster Linie um die Vermeidung von Bränden und dazugehörige Regeln, die zu Erreichung des Zieles benannt werden. Teil C regelt nun, wer die Verantwortung trägt, dass diese Verhaltensregeln eingehalten werden.

DIN 14096 listet hierfür einige Beispiele auf:

- *„Einhalten der Brandschutzbestimmungen im laufenden Betrieb, bei Veranstaltungen, Neubauten, baulichen Änderungen, Nutzungsänderungen;*
- *Festlegen und Überwachen von Brandschutzeinrichtungen, Flächen für die Feuerwehr (siehe DIN 14090), Rettungswegen;*
- *Anbringen, Überwachen und aktuell halten von Hinweis- und/oder Sicherheitsschildern (siehe DIN 4066, DIN EN ISO 7010 bzw. ASR A 1.3);*
- *Genehmigen von Arbeiten mit besonderen Gefahren (z. B. feuergefährliche Arbeiten) nur nach Ausstellung eines dafür geeigneten Erlaubnisscheines (Erlaubnisschein für feuergefährliche Arbeiten mit Festlegung von zu treffenden Schutzmaßnahmen);*
- *Überwachen feuergefährdeter und explosionsgefährdeter Bereiche;*
- *Überwachen des Rauchverbots;*
- *Fortschreiben von Feuerwehrplänen nach DIN 14095 und Flucht- und Rettungsplänen nach DIN ISO 23601 sowie Fortschreiben der Brandschutzordnung;*
- *Beschäftigte (auch von Fremdfirmen) im Brandschutz unterweisen;*
- *Brandschutz- und/oder Räumungsübungen durchführen (auch in Teilbereichen);*
- *Zusammenarbeit mit der Feuerwehr und dem Schadenversicherer pflegen.“*

Zu empfehlen ist hier, die Regeln, die in der Brandschutzordnung Teil B unter Brandverhütung benannt wurden, gemäß obigem Beispiel aus der DIN aufzulisten und diese dann den entsprechenden Personengruppen, die diese Regeln überwachen sollen, zuzuordnen.

Dies kann im Fließtext erfolgen. Die Erfahrung zeigt jedoch, dass durch eine tabellarische Darstellung (siehe Tabelle 6.1) eine bessere Übersichtlichkeit geschaffen wird.

Tabelle 6.1: Mustertabelle Brandverhütung

Thema	Erläuterung	Verantwortliche Person	Frist
Überprüfung der Einhaltung der BSO	im laufenden Betrieb, bei Umbauten, Nutzungsänderungen usw.	Abteilungsleitung	täglich
Überwachen des Rauchverbots	siehe Brandschutzordnung gemäß DIN 14096-B	Führungskräfte, jeder Mitarbeiter	täglich
Aktualität von Kennzeichnung sicherstellen	Sicherheits- und Hinweisschilder, Flucht- und Rettungsplan, Feuerwehrplan	Brandschutzhelfer	monatlich bzw. bei baulichen Veränderungen, Nutzungsänderungen
Unterweisung zum Brandschutz	für Beschäftigte	Führungskräfte in Zusammenarbeit mit dem Brandschutzbeauftragten	mindestens jährlich und bei erster Arbeitsaufnahme
Einweisung bezüglich des Brandschutzes	für Fremdfirmen	Facility Management	vor Arbeitsaufnahme
Genehmigen von Arbeiten mit besonderen Gefahren	z. B. feuergefährliche Arbeiten	Facility Management	vor Arbeitsaufnahme
Veranlassen und Kontrolle der Wartung von Einrichtungen zur Brandbekämpfung und anderer sicherheitsrelevanter Anlagen	Feuerlöscher, RWA, Hausalarm, Brandschutztüren, Türwächter bzw. Türverriegelungen	Facility Management	nach den geltenden Vorgaben der Versicherer und anderer Regelungen z. B. Technischen Prüfverordnungen
Zusammenarbeit mit der Feuerwehr und den Schadensversicherern pflegen	z. B. Abstimmung für Brandschutzübungen, Begehungen	Geschäftsführer in Zusammenarbeit mit dem Brandschutzbeauftragten	alle zwei Jahre bzw. bei Erfordernis

Die oben genannten Regeln, die Zuordnung der verantwortlichen Personen sowie die angegebenen Überwachungszeiträume sind Beispiele und sollten von jedem Unternehmen selbst festgelegt werden. Hinzuzuziehen sind hier Vorgaben von Vorschriften, Normen, Brandschutzkonzepten, Aufsichtsbehörden und aus der Gefährdungsbeurteilung.

6.3.3 Meldung und Alarmierungsablauf

Hier werden mehrere im Teil B der Brandschutzordnung noch getrennt aufgeführten Verhaltensregeln zusammengefasst. Diese beziehen sich u. a. auf die Meldung eines Brandes sowie den in Teil B aufgeführten Alarmierungsablauf.

DIN 14096 listet hier die folgenden Beispiele auf, die an dieser Stelle zu integrieren sind:

- *„Feuerwehr, Selbsthilfekräfte, Rettungsdienst, Polizei usw. alarmieren; Brandmeldung (z. B. direkt, durch Pförtner, Telefonzentrale) gegebenenfalls an betriebseigenen Arzt, Unfallstation, Krankentransport usw. weitergeben;*
- *Hausalarm (z. B. nach Alarmstufen) auslösen;*
- *bestimmte Personen (z. B. Geschäftsleitung, Sicherheitsingenieure, Brandschutzbeauftragte oder deren Stellvertreter) unterrichten;*
- *Verantwortung zur Aufhebung des Alarms und zur Wiederaufnahme des Normalbetriebs festlegen."*

Empfehlenswert ist es hier, einen Alarmplan zu erstellen und an dieser Stelle zu integrieren. Dieser Alarmplan enthält kompakt alle notwendigen Informationen, um z. B. bei einem Ereignisfall tätig zu werden (siehe Muster-Alarmplan Abb. 6.1).

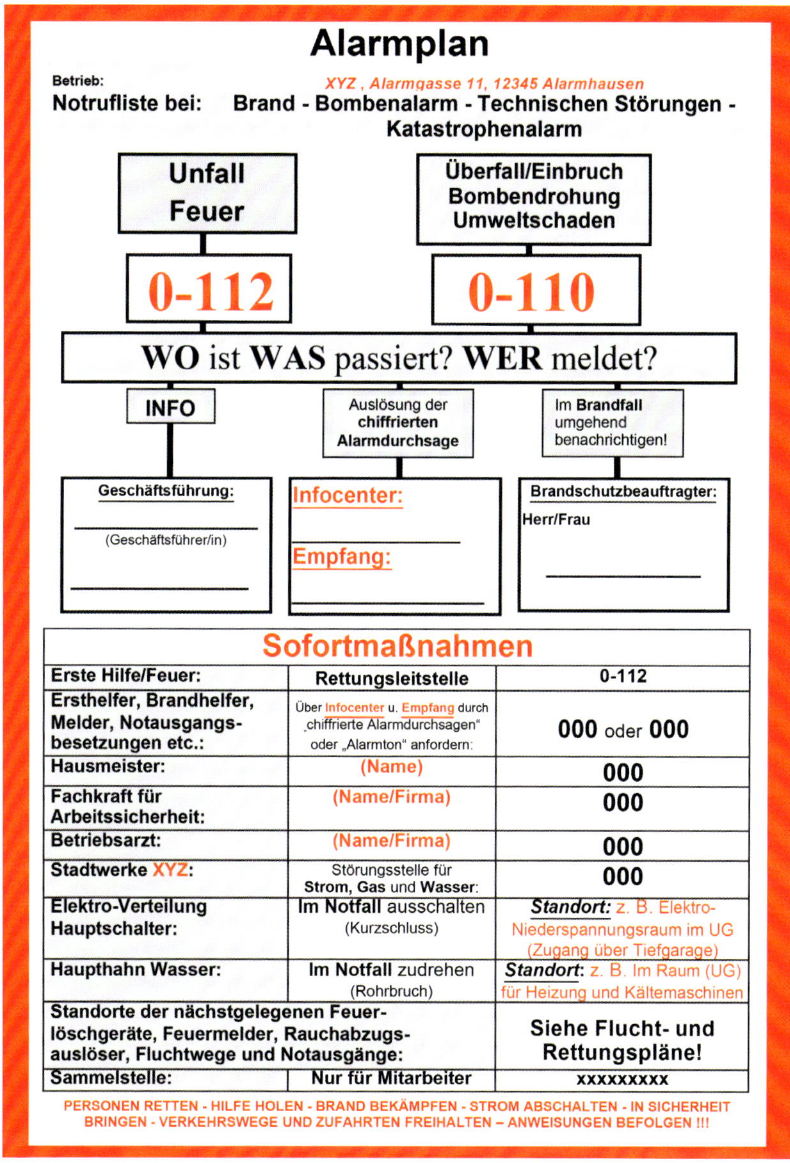

Abb. 6.1: Muster-Alarmplan (Quelle: B·A·D Gesundheitsvorsorge und Sicherheitstechnik GmbH)

Hinweis: Das Muster zum Alarmplan steht im Downloadbereich des Buches als Word-Dokument zur Verfügung.

6.3.4 Sicherheitsmaßnahmen für Personen, Tiere, Umwelt und Sachwerte

Dieser Themenkomplex thematisiert Sicherheitsmaßnahmen, die in einem Brandfall einzuleiten sind bzw. vorab zur Sensibilisierung für einen Ereignisfall helfen können. Hier geht es jetzt nicht mehr nur um die Sicherheit von Personen, sondern auch um die Sicherheit von für das Unternehmen wichtigen Dingen, wie Tieren, Umwelt und Sachwerten. Abhängig von dem jeweiligen Betrieb gibt es hier sehr unterschiedliche Zielvorgaben. Wichtig ist, dass dem Unternehmen klar ist, was es als schützenswert betrachtet und wie bei einem Brandereignis diese Dinge oder Tiere geschützt bzw. gerettet werden können.

DIN 14096 listet hierfür einige Beispiele auf, die an dieser Stelle zu integrieren sind:

- *„Räumung (Begriff siehe DIN 14011) durchführen und überprüfen (auch in Teilbereichen);*
- *Ortsunkundige, Behinderte oder verletzte Personen betreuen;*
- *Betriebsunterbrechungen anordnen;*
- *bestimmte Sachwerte bergen;*
- *besondere technische Einrichtungen (z. B. mechanische Rauchabzugsanlagen, Ersatzstromversorgung) in Betrieb nehmen;*
- *besondere technische Einrichtungen (z. B. Versorgungsleitungen, Förderanlagen, Abfüllanlagen, elektrische Anlagen, Photovoltaikanlagen, Heizungsanlagen, Lüftungsanlagen, Server) außer Betrieb setzen oder in einen sicheren Betriebszustand bringen.“*

Hinweis: Der Begriff „Räumung“ wurde inzwischen in allen anderen Vorschriften und Regelwerken in „Evakuierung“ abgeändert.

Auch hier empfiehlt sich eine tabellarische Übersicht. Tabelle 6.2 zeigt, wie die mögliche Umsetzung aussehen könnte.

Tabelle 6.2: Mustertabelle Sicherheitsmaßnahmen

Maßnahmen	Verantwortlich
Unterbrechung des Betriebes anordnen und dafür sorgen, dass die jeweilige Abteilung möglichst geschlossen das Gebäude verlässt und sich unverzüglich an der Sammelstelle meldet. Besondere Aufmerksamkeit benötigen ortsfremde (Besucher, Fremdfirmen), behinderte oder verletzte Personen.	*leitende Mitarbeiter* *Facility Management*
Meldungen an der Sammelstelle entgegennehmen und Informationen an die Feuerwehr übermitteln.	*Evakuierungsleiter*
Sachwerte bergen.	*leitende Mitarbeitende oder ihre Vertretenden*

Tabelle 6.2: Fortsetzung

Maßnahmen	Verantwortlich
Besondere technische Einrichtungen (z. B. mechanische Rauchabzugsanlagen) in Betrieb nehmen.	*leitende Mitarbeiter oder ihre Vertretenden und Hausmeister/ Feuerwehr*
Besondere technische Einrichtungen, wie z. B. Förderanlagen, Abfüllanlagen, Versorgungsleitungen, elektrische Anlagen außer Betrieb setzen.	*leitende Mitarbeitende oder ihre Vertretenden und Hausmeister*
Jährliche Unterweisung der Mitarbeitenden im vorbeugenden Brandschutz durchführen. Die Kenntnis der Brandschutzordnung, Teil B (für alle Mitarbeitende) ist zu kontrollieren.	*leitende Mitarbeitende mit Unterstützung der Arbeitssicherheit*
Gedanklich die erforderlichen Maßnahmen zur Brandverhütung/Gefahrenabwehr sowie für den Schadensfall die Räumung des Hauses planen.	*leitende Mitarbeitende oder ihre Vertretenden mit Unterstützung der Arbeitssicherheit*
Diese Maßnahmen praktisch und regelmäßig üben. Praktische Räumungsübungen mit allen Mitarbeitenden sollten mindestens einmal jährlich durchgeführt werden.	*leitende Mitarbeitende oder ihre Vertretenden mit Unterstützung der Arbeitssicherheit*
Besuchende und Mitarbeitende von Fremdfirmen müssen sich immer am Empfang melden und von Mitarbeitenden der XY Firma eingewiesen werden.	*Mitarbeitende des Empfangs und leitende Mitarbeitende*
Feststellen, wann der Alarmzustand beendet werden kann. Information der Mitarbeitenden über das Ende des Alarmzustandes. Der Brandort darf nicht verändert werden, bis die zuständige Stelle (Polizei; Brandversicherung) die Freigabe erteilt.	*Feuerwehr* *Geschäftsleitung bzw. deren Vertretung*

6.3.5 Löschmaßnahmen

Dieser Themenblock ist für Personen gedacht, die im Rahmen eines Brandereignisses Löschmaßnahmen einleiten, durchführen und Löscheinrichtungen in Betrieb nehmen.

Auch hier gibt DIN 14096 Hinweise, welche Themen angesprochen bzw. integriert werden sollten, insofern diese (z. B. technische Einrichtungen) vorhanden sind:

- „*Aufgaben für die Selbsthilfekräfte (z. B. Treffpunkt, Ausrüstung, Leitung) festlegen;*
- *nichtautomatische Löschanlagen (z. B. Sprühflutanlagen, Berieselungsanlage) in Betrieb nehmen;*
- *Löschwasserrückhaltevorrichtungen schließen.*“

Helfen kann hier eine tabellarische Übersicht (siehe Tabelle 6.3) über die vorhandenen Löscheinrichtungen und darüber, wer diese in Betrieb nehmen darf bzw. soll. Dies sollte auch immer in Rücksprache mit der zuständigen Feuerwehr erfolgen.

Tabelle 6.3: Mustertabelle Löscheinrichtungen

Technische Einrichtung	Automatische Auslösung	Manuelle Auslösung
Rauchabzugsanlagen	Ja	Mitarbeitende, Feuerwehr
Brandmeldeanlage über Handfeuermelder	Ja	Mitarbeitende, Gäste
Hausalarmanlage	Nein	Mitarbeitende, Gäste
Feuerlöscher	Nein	Mitarbeitende, Gäste
Feuerlöschanlage	Ja	Feuerwehr

6.3.6 Vorbereitung für den Einsatz der Feuerwehr

In der Brandschutzordnung Teil B (siehe Kapitel 5.3.8) sind Meldemaßnahmen bei einem Brandereignis enthalten. Dort wird u. a. die Meldekette abgebildet. In Teil C geht es nun darum, dass der Einsatz der Feuerwehr insoweit organisatorisch vor Ort vorbereitet wird. Hierzu sind einige Regelungen erforderlich, für die sich auch Personen verantwortlich zeigen müssen. DIN 14096 gibt einige Hinweise darauf, was in Teil C abzubilden ist:

- *„Zugang zur Brandstelle und Umgebung freimachen;*
- *Flächen für die Feuerwehr und Entnahme-/Einspeisestellen für die Löschwasserversorgung freihalten;*
- *Lotsen aufstellen;*
- *geeigneten Ansprechpartner für die Feuerwehr bereitstellen;*
- *Pläne (z. B. Feuerwehr- oder Evakuierungspläne), Schlüssel und sonstige notwendige Informationsmittel bereitstellen;*
- *Zugänge/Zufahrten ermöglichen."*

Auch hier empfiehlt sich, der Übersichtlichkeit halber, wieder eine tabellarische Darstellung, die beispielsweise wie Tabelle 6.4 aussehen kann:

Tabelle 6.4: Mustertabelle Vorbereitende Maßnahmen für den Einsatz der Feuerwehr

Maßnahmen	Verantwortlich
Die Mitarbeitenden müssen die Brandstelle und die Umgebung sowie die Flächen für die Feuerwehr und die Entnahmestellen für die Löschwasserversorgung freihalten.	*leitende Vorgesetzte oder ihre Vertretenden*
Das Parken auf den Feuerwehrzufahrten, Rettungswegen und anderen Arbeitsflächen der Rettungskräfte darf grundsätzlich nicht möglich sein. Diese Flächen dürfen auch anderweitig nicht blockiert werden können.	*Allgemeine Verwaltung*

Tabelle 6.4: Fortsetzung

Maßnahmen	Verantwortlich
An der Sammelstelle die Meldungen der Mitarbeiter entgegennehmen und die Informationen über fehlende Mitarbeitende unverzüglich an die Feuerwehr weitergeben.	*Evakuierungsleitende*
Um die Vollzähligkeit feststellen zu können, ist es notwendig, dass eine Anwesenheitsliste geführt wird, die im Brandfall sofort der kontrollierenden Person am Sammelplatz übergeben werden kann.	*Brandschutzhelfer*
Die Feuerwehr an der Zufahrt X in Empfang nehmen und einweisen. Die einweisenden Mitarbeitenden verfügen über Feuerwehrpläne und Grundrisspläne des Gebäudes sowie über Schlüssel, die einen Zugang zu allen Räumen ermöglichen. Die Pläne und Schlüssel müssen so aufbewahrt werden, dass sie im Brandfall sofort zur Hand sind.	*ortskundige Mitarbeitende*

6.3.7 Nachsorge

Zum Abschluss ist in Teil C der Brandschutzordnung die Nachsorge nach einem Brand festzulegen bzw. die Verantwortlichen zu bestimmen.

DIN 14096 weist hier auf die folgenden zu benennenden Punkte hin:

- *„Sicherung der Brandstelle;*
- *Wiederherstellen der Einsatzbereitschaft von Brandschutzeinrichtungen (gegebenenfalls auch in Teilbereichen).“*

Hier ist es empfehlenswert, ein Formblatt (Kurzbericht) zu entwickeln, auf dem im Nachgang zu einem Brand das Ereignis dokumentiert wird, um daraus in einem Nachgespräch eventuell zusätzliche Maßnahmen festzulegen oder bereits getroffene Maßnahmen anzupassen.

Mögliche textliche Inhalte an dieser Stelle können sein:

Mustertext: **Betreten der Räumlichkeiten nach einem Brand erst nach erfolgter Freigabe durch die Feuerwehr oder den Einsatzleiter.**

Mustertext: **Sicherung der Brandstätte gegen erneutes Aufflammen (Brandwache).**

Mustertext: **Sicherung der Brandstätte gegen Betreten Unbefugter.**

Mustertext: **Sämtliche genutzte Feuerlöscheinrichtungen sind wieder einsatzbereit zu machen.**

Mustertext: **Lüften von verrauchten Räumen (nach erfolgter Brandbekämpfung).**

Mustertext: **Abdichten beschädigter Dächer und Fenster sowie Glasflächen.**

Mustertext: **Elektrische Anlagen erst in Betrieb nehmen, wenn sichergestellt ist, dass sie noch oder wieder den DIN VDE- Vorschriften entsprechen.**

6.3.8 Anhang

In den Anhang kommen Dokumente, die im Rahmen des Brandschutzes verwendet werden. Dazu können gehören:

- Checklisten
- Richtlinien für feuergefährliche Arbeiten
- Erlaubnisschein für feuergefährliche Arbeiten
- Unterweisungsnachweis
- Formular zur Meldung von Bränden
- Pläne
- Zeichnungen
- Funktionsbezogene Merkblätter
- Evakuierungskonzept
- Alarmplan

6.4 Checklisten

Alle Checklisten stehen im Downloadbereich des Buches als Word-Dokument zur Verfügung.

Brandschutzordnung

Muster-Objekt

Checkliste 13 – Brandschutzordnung Teil C, Format

Kriterien	Ja	Nein	Bemerkung
Besteht der Teil C aus einem Format A4, A5 oder A6?	☐	☐	
Hat Teil C eine Gliederung?	☐	☐	
a) Einleitung b) Brandverhütung c) Meldung und Alarmierungsablauf d) Sicherheitsmaßnahmen für Personen, Ziere, Umwelt und Sachwerte e) Löschmaßnahmen f) Vorbereitung für den Einsatz der Feuerwehr g) Nachsorge h) Anhang	☐	☐	

(Ort / Datum / Zeit) Unterschrift des Erstellenden

Brandschutzordnung

Muster-Objekt

Checkliste 14 – Brandschutzordnung Teil C, Einleitung

Kriterien	Ja	Nein	Bemerkung
Enthält die Einleitung allgemeine Erläuterungen?	☐	☐	
Ist ein Geltungsbereich angegeben?	☐	☐	
Ist ein Inkraftsetzungsdatum mit Unterschrift des Arbeitgebers vorhanden?	☐	☐	
Ist der Personenkreis benannt, für den dieser Teil gilt?	☐	☐	

(Ort / Datum / Zeit)

Unterschrift des Erstellenden

7 Feuergefährliche Arbeiten – Richtlinien für den Brandschutz

Feuergefährliche Arbeiten

Richtlinien für den Brandschutz

VdS VERLAG

Die vorliegenden Richtlinien für den Brandschutz bei feuergefährlichen Arbeiten sind unverbindlich. Die Versicherer können im Einzelfall auch andere Sicherheitsvorkehrungen oder Installateur- oder Wartungsunternehmen zu nach eigenem Ermessen festgelegten Konditionen akzeptieren, die diesen technischen Spezifikationen oder Richtlinien nicht entsprechen.

1 Vorbemerkung

Die Richtlinien für den Brandschutz bei feuergefährlichen Arbeiten wurde gemeinsam mit der Hütten- und Walzwerks-Berufsgenossenschaft (HWBG), der Maschinenbau- und Metall-Berufsgenossenschaft (MMBG) sowie dem Bundesverband der Deutschen Industrie e.V. (BDI) ausgearbeitet und aufgestellt.

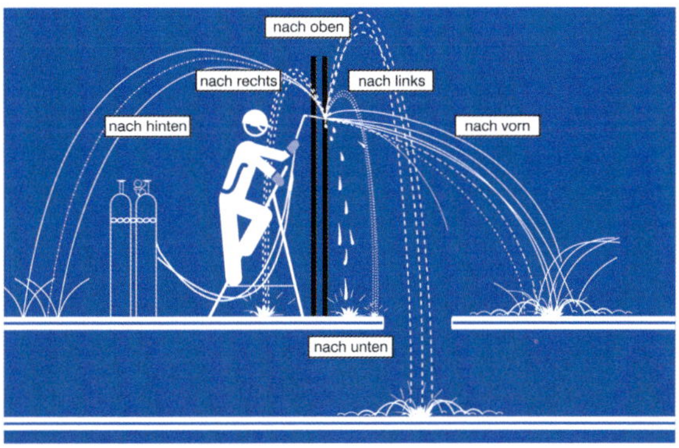

Bild 1: Ausbreitungsverhalten heißer Partikel bei schweißtechnischen Arbeiten

2 Geltungsbereich

Der Geltungsbereich der Richtlinien erstreckt sich auf alle feuergefährlichen Arbeiten wie z. B. Löten, Heißkleben, Schweißen, Brennschneiden, Trennschleifen oder verwandte Verfahren, die außerhalb hierfür vorgesehener Werkstätten vorgenommen werden. Die Richtlinien ersetzen weder die gesetzliche noch behördlichen Regelungen noch etwaige Sicherheitsvorschriften (z. B. VdS 2047 Sicherheitsvorschriften für Feuergefährliche Arbeiten), die im Versicherungsvertrag vereinbart wurden, sondern ergänzen diese gegebenenfalls.

3 Allgemeines

Nach Betriebssicherheitverordnung und Gefahrstoffverordnung ist eine Gefährdungsbeurteilung durchzuführen. Vor Aufnahme der feuergefährlichen Arbeiten sollte auch zur Konkretisierung der Gefährdungsbeurteilung grundsätzlich geprüft werden, ob anstelle dieser Arbeiten sogenannte kalte Verfahren (Sägen, Schrauben, Kaltkleben etc.) eingesetzt werden können. Der Einsatz von Schweiß-, Schneid-, Trennschleif-, Löt-, Auftau- und Heißklebegeräten, bei denen erhebliche Temperaturen auftreten, bedeutet regelmäßig eine enorme Brandgefahr. Brände werden vor allem verursacht durch

- offene Schweißflammen (ca. 3200 °C),
- elektrische Lichtbögen (ca. 4000 °C),
- Lötflammen (ca. 1800-2800 °C),
- Schweiß-, Schneid- und Schleiffunken (ca. 1200 °C),
- abtropfendes glühendes Metall (ca. 1500 °C),
- Wärmeleitung stark erhitzter Metallteile und heißer Gase.

Besonders gefährlich sind Schweiß-, Schneid- und Schleiffunken, die noch in einer Entfernung von 10 m und mehr von der Arbeitsstelle brennbare Stoffe entzünden können.

In feuergefährdeten Bereichen dürfen feuergefährliche Arbeiten nur von entsprechend ausgebildeten Personen ausgeführt werden, die über 18 Jahre alt sind. Auszubildende dürfen die Arbeiten nur unter Aufsicht ausführen.

Bei der Auftragsvergabe sind die einschlägigen Vorschriften über die Koordination bei der Zu-

(Quelle: VdS 2008:2009-07)

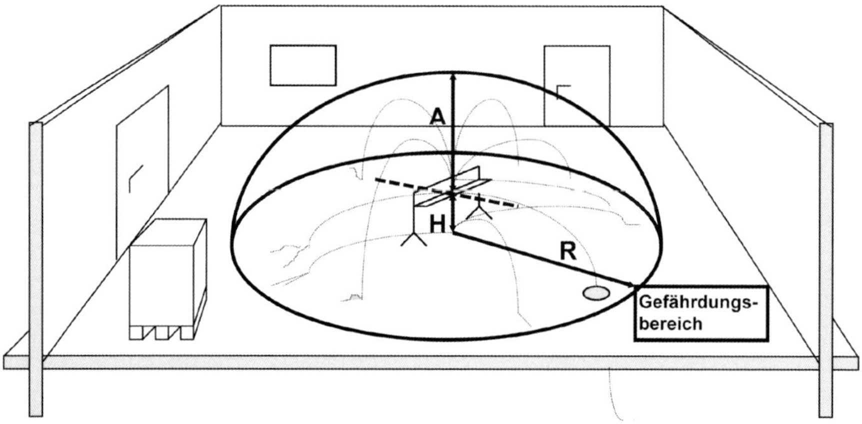

Bild 2: Gefährdungsbereich

sammenarbeit mehrerer Unternehmer zu beachten. Spätestens vor Beginn der feuergefährlichen Arbeiten ist insbesondere festzulegen, ob und wer ggf. den Brandposten und die erforderliche Brandwache stellt. Personen, die für den Brandposten vorgesehen sind, müssen entsprechend unterwiesen sein.

4 Erlaubnisschein

Vor Aufnahme der feuergefährlichen Arbeiten ist eine schriftliche Genehmigung des auftraggebenden Unternehmers (Auftraggeber/Versicherungsnehmer) oder eines Verantwortlichen des Auftraggebers einzuholen. Der Erlaubnisschein für feuergefährliche Arbeiten (z. B. VdS 2036 Erlaubnisscheine für feuergefährliche Arbeiten) ist an einen konkreten Arbeitsauftrag (Werk) sowie gleichbleibende Umgebungsbedingungen und Arbeitsverfahren gebunden. Ändern sich diese Umstände, muss die Gefährdungsbeurteilung und das Erlaubnisscheinverfahren erneut durchgeführt werden.

Bei länger anhaltenden Arbeiten unter gleich bleibenden Bedingungen kann als Ergänzung zum Erlaubnisschein für feuergefährliche Arbeiten, die in Kapitel 11 abgedruckte Tabelle verwendet werden. Unabhängig davon sind auch die berufsgenossenschaftlichen Anforderungen zu beachten.

5 Gefährdungsbereiche

Gefährdungsbereiche ergeben sich in Abhängigkeit vom jeweiligen Verfahren; sie sind in der Tabelle[1)] aufgeführt und in Bild 2 schematisch dargestellt.

Bei Arbeitshöhen über 2 m ist der seitliche Radius (R) aller manuell ausgeführten feuergefährlichen Arbeiten pro zusätzlichen Meter Arbeitshöhe (H) um 0,5 m zu vergrößern.

Manuelle feuergefährliche Arbeiten	Seitlicher Radius R_{normal} Arbeitshöhe ≤ 2 m	Abstand (A) nach oben
Löten, Heißkleben	2 m	2 m
Schweißen Gas und Lichtbogen	7,5 m	4 m
Brennschneiden unabhängig vom Gasstrahldruck	10 m	4 m
Trennschleifen	6 m	3,5 m

Anmerkung: Arbeitshöhe ≥ 2 m

$R_{gross} = R_{normal} + 1/2(H - 2\text{ m})$

H = Höhe der Arbeitsstelle über Ebene

In Abhängigkeit von der Arbeitsstelle, z. B. bei Bodenöffnungen, kann sich der Gefährdungsbereich auch nach unten (Tiefe) erstrecken.

Tabelle 1: Gefährdungsbereiche

1) vgl. Michael Otte, S+S Report Nr.4, August 1998

(Quelle: VdS 2008:2009-07)

6 Sicherheitsmaßnahmen – vor Beginn der Arbeiten –

Bild 3

Entfernung sämtlicher beweglicher brennbarer Gegenstände und Stoffe – auch Staubablagerungen – aus dem Gefährdungsbereich; dieser kann sich auch auf angrenzende Räume erstrecken.

Hinweis: Insbesondere bei Arbeiten an Rohrleitungen, Wärmeölträgerleitungen, Stahlträgern und dgl. können infolge von Wärmeleitung brennbare Materialien in angrenzenden Räumen entzündet werden. Derartige Materialien sind deshalb vor Aufnahme der Arbeiten zu entfernen.

Aufstellung von Gasflaschen außerhalb des Gefährdungsbereichs.

Bild 4

Entfernung von Umkleidungen und Isolierungen aus dem Gefährdungsbereich (bei Arbeiten an Rohrleitungen, Kesseln und Behältern).

Bild 5

Abdichtung von Öffnungen, Fugen, Ritzen, Rohr-/Kabeldurchführungen und offenen Rohrleitungen, die vom Gefährdungsbereich in andere Räume führen, mit nichtbrennbaren Stoffen; geeignet sind, z. B. Gips, Mörtel, Lehm, Mineralwolle oder Brandschutzmaterialien Auf keinen Fall dürfen Lappen, Papier oder andere brennbare Stoffe verwendet werden.

Bild 6

Abdeckung von unbeweglichen, aber brennbaren Gegenständen, die im Gefährdungsbereich vorhanden sind, z. B. Holzbalken und -wände, Fußböden, Maschinen und Kunststoffteile, mit Mineralfaserdecken und -platten oder ähnlichen Materialien.

Bild 7

Aufstellung eines Brandpostens mit geeignetem Löschgerät für die Arbeitsstelle und ihre Umgebung, wenn sich im Gefährdungsbereich brennbare Stoffe befinden; geeignete Löschgeräte sind z. B. wassergefüllte Eimer oder ein angeschlossener Wasserschlauch – besser noch Feuerlöscher sowie Wandhydranten. (Siehe auch VdS 2001/BGR 133)

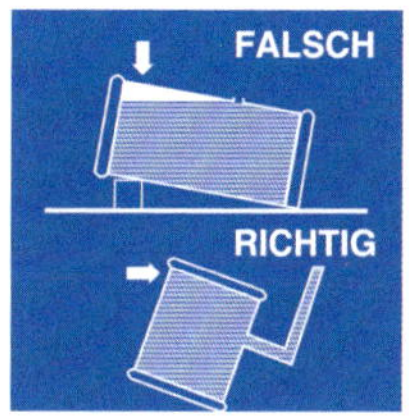

Bild 8

Überprüfung von Behältern und Rohrleitungen auf ihren früheren Inhalt; haben sie brennbare/explosionsfähige Stoffe enthalten oder ist der frühere Inhalt nicht mehr feststellbar, sind die Behälter zu reinigen und vor Beginn der Arbeiten mit Wasser zu füllen; anderenfalls müssen sie mit einem geeigneten Mittel gefüllt werden, z. B. flammenerstickenden Inertgasen wie, Stickstoff oder Kohlendioxid, oder mit Schaum. Bei der Verwendung erstickender Gase ist die Personengefährdung zu beachten.

Bild 9

Information sowohl des mit den feuergefährlichen Arbeiten Beauftragten als auch des Brandpostens über den Standort des nächstgelegenen Brandmelders und/oder Telefons samt Rufnummer.

Hinweis: Sofern kein betriebliches Verbot entgegen steht, empfiehlt sich – insbesondere bei exponierten Arbeitsstellen – der Einsatz eines Mobiltelefons.

Werden brandschutztechnische Anlagen (z. B. Feuerlösch- oder Brandmeldeanlagen) vorübergehend außer Betrieb gesetzt, sind sowohl die Feuerwehr als auch der Feuerversicherer vom Versicherungsnehmer davon in Kenntnis zu setzen (Obliegenheit). Erforderlichenfalls sind brandschutztechnische Ersatzmaßnahmen in Absprache mit der Feuerwehr, dem Feuerversicherer und dem Auftraggeber sowie dem Versicherungsnehmer vorzusehen. Bei Feuerarbeiten im Dachbereich sind besondere Brandschutzmaßnahmen zu ergreifen. Hinweise enthält das Merkblatt VdS 2216, Brandschutzmaßnahmen für Dächer.

(Quelle: VdS 2008:2009-07)

7 Sicherheitsmaßnahmen – während der Arbeiten –

Es ist stets unbedingt darauf zu achten, dass durch Flammen, Funken, Schmelztropfen, heiße Gase und Dämpfe, oder durch Wärmeleitung usw. keine brennbaren Gegenstände oder Stoffe gefährdet oder entzündet werden.

- Bauteile, die durch Wärmeleitung gefährdet sind, müssen mit Wasser gekühlt werden.
- Die Arbeitsstelle samt den daneben, darüber und darunter liegenden Räumen ist von dem Brandposten laufend auf mögliche Brandherde hin zu kontrollieren.
- Es sind geeignete funktionstüchtige Löschgeräte bereit zu halten.
- Im Brandfall ist die Arbeit sofort einzustellen, die Feuerwehr zu alarmieren und die Brandbekämpfung unverzüglich einzuleiten.

8 Sicherheitsmaßnahmen – nach Abschluss der Arbeiten –

Viele Brände brechen erfahrungsgemäß erst mehrere Stunden nach Abschluss der feuergefährlichen Arbeiten aus. Deshalb ist die nachträgliche gewissenhafte Kontrolle (mehrmals) besonders wichtig.

Dazu ist erforderlich, dass die Brandwache die Umgebung der Arbeitsstelle einschließlich der benachbarten Räume sorgfältig auf Brandgeruch, verdächtige Erwärmung, Glimmstellen und Brandnester kontrolliert. Diese Kontrolle kann in kurzen Zeitabständen für mehrere Stunden erforderlich sein, bis mit an Sicherheit grenzender Wahrscheinlichkeit ausgeschlossen ist, dass ein Brand entstehen kann.

Hinweis: Wurden bei Arbeiten brandabschnittsbegrenzende Bauteile durchbrochen, müssen die entstandenen Öffnungen (ggf. zunächst provisorisch) mit allgemein bauaufsichtlich zugelassenen Abschottungsmitteln geschlossen werden. Je nach Situation vor Ort kann zusätzlich der Einsatz einer mobilen Brandmeldeanlage sinnvoll sein. Weitere Informationen sind beim Feuerversicherer erhältlich.

9 Literatur

Allgemeine Literatur

Untersuchungen zur Reichweite und Zündwirksamkeit glühender Partikel und Bemessung von brandgefährdeten Bereichen

Michael Otte; S+S Report Nr. 4, August 1998

Gesetze und Verordnungen, behördliche Richtlinien, Regeln und Empfehlungen

Arbeitsschutzgesetz (ArbSchG)
vom 07. August 1996 (BGBl. I S. 1246)

Bundesanzeiger Verlagsgesellschaft mbH
Postfach 1320, 53003 Bonn
Internet: www.bundesanzeiger.de

Betriebssicherheitsverordnung (BetrSichV)

BGV A1 Allgemeine Vorschriften und

BGR 133 Ausrüstung von Arbeitsstätten mit Feuerlöschern

BGR 500 Betreiben von Arbeitsmitteln / Teil 2, Kapitel 2.26

Carl Heymans Verlag KG
Luxemburger Str. 449, 50939 Köln
Internet: www.heymanns.de

VdS Publikationen

VdS 2001 Regeln für die Ausrüstung von Arbeitsstätten mit Feuerlöschern

VdS 2036 Erlaubnisschein für feuergefährliche Arbeiten

VdS 2038 Allgemeine Sicherheitsvorschriften der Feuerversicherer für Fabriken und gewerbliche Anlagen (ASF)

VdS 2047 Sicherheitsvorschriften für Feuerarbeiten

VdS 2216 Brandschutzmaßnahmen für Dächer

VdS Schadenverhütung GmbH
Amsterdamer Str. 174, 50735 Köln
Internet: www.vds.de

(Quelle: VdS 2008:2009-07)

10 Muster Erlaubnisschein für feuergefährliche Arbeiten

Erlaubnisschein für feuergefährliche Arbeiten

wie ☐ Schweißen, Schneiden und verwandte Verfahren (Schweißerlaubnis) lfd. Nummer:________
☐ Trennschleifen ☐ Löten ☐ Auftauen ☐ Heißklebearbeiten ☐________

1	**Arbeitsort/-stelle**	________________	
	Brand-/explosionsgefährdeter Bereich	Räumliche Ausdehnung um die Arbeitsstelle: Umkreis (Radius) von ....m, Höhe von ....m, Tiefe von ....m	
2	**Arbeitsauftrag** (z. B. Träger abtrennen) Arbeitsverfahren	________________	Auszuführen von (Name):
3	**Sicherheitsmaßnahmen bei Brandgefahr**		
3a	Beseitigung der Brandgefahr	☐ Entfernen beweglicher brennbarer Stoffe und Gegenstände – ggf. auch Staubablagerungen ☐ Entfernen von Wand- und Deckenverkleidungen, soweit sie brennbare Stoffe abdecken oder verdecken oder selbst brennbar sind ☐ Abdecken ortsfester brennbarer Stoffe und Gegenstände (z. B. Holzbalken, -wände, -fußböden, -gegenstände, Kunststoffteile) mit geeigneten Mitteln und ggf. deren Anfeuchten ☐ Abdichten von Öffnungen (z. B. Fugen, Ritzen, Mauerdurchbrüchen, Rohröffnungen, Rinnen, Kamine, Schächte, zu benachbarten Bereichen mittels Lehm, Gips, Mörtel, feuchte Erde usw.) ☐	Name: ________ Ausgeführt: ________ (Unterschrift)
3b	Bereitstellung von Löschmitteln	☐ Feuerlöscher mit ☐ Wasser ☐ Pulver ☐ CO_2 ☐________ ☐ Löschdecken ☐ angeschlossener Wasserschlauch ☐ wassergefüllter Eimer ☐ Benachrichtigen der Feuerwehr ☐	Name: ________ Ausgeführt: ________ (Unterschrift)
3c	Brandposten	☐ während der feuergefährlichen Arbeiten Name:	
3d	Brandwache	☐ nach Abschluss der feuergefährlichen Arbeiten Dauer: Stunde/n Name:	
4	**Sicherheitsmaßnahmen bei Explosionsgefahr**		
4a	Beseitigung der Explosionsgefahr	☐ Entfernen sämtlicher explosionsfähiger Stoffe und Gegenstände – auch Staubablagerungen und Behälter mit gefährlichem Inhalt oder dessen Resten ☐ Explosionsgefahr in Rohrleitungen beseitigen ☐ Abdichten von ortsfesten Behältern, Apparaten oder Rohrleitungen, die brennbare Flüssigkeiten, Gase oder Stäube enthalten oder enthalten haben, ggf. in Verbindung mit lufttechnischen Maßnahmen ☐ Durchführen lüftungstechnischer Maßnahmen nach EX-RL in Verbindung mit messtechnischer Überwachung ☐ Aufstellen von Gaswarngeräten für________ ☐	Name: ________ Ausgeführt: ________ (Unterschrift)
4b	Überwachung	☐ Überwachen der Sicherheitsmaßnahmen auf Wirksamkeit Name:	
4c	Aufhebung der Sicherheitsmaßnahmen	nach Abschluss der feuergefährlichen Arbeiten nach Stunde/n Name:	
5	**Alarmierung**	Standort des nächstgelegenen Brandmelders ________ Telefons ________ Feuerwehr Ruf-Nr.	
6	Auftraggebender Unternehmer (Auftraggeber) ________ Datum	Die Maßnahmen nach 3 und 4 tragen den durch die örtlichen Verhältnisse entstehenden Gefahren Rechnung. ________ Unterschrift des Betriebsleiters oder dessen Beauftragten nach § 8 Abs. 2 ArbSchG	
7	Ausführender Unternehmer (Auftragnehmer) ________ Datum	Die Arbeiten nach 2 dürfen erst begonnen werden, wenn die Sicherheitsmaßnahmen nach 3a-3c und/oder 4a, 4b durchgeführt sind. ________ Unterschrift des Unternehmers oder seines Beauftragten	Kenntnisnahme des Ausführenden nach 2 ________ Unterschrift

Original z.Hd. des Ausführenden – **1. Durchschlag** für den Auftraggeber – **2. Durchschlag** für den Auftragnehmer

(Quelle: VdS 2008:2009-07)

11 Muster zur Organisation der feuergefährlichen Arbeiten über einen längeren Zeitraum

Erlaubnisschein für feuergefährliche Arbeiten vom ____/____/______; Lfd. Nr. ___________ - (nur gültig für die KW _______ / 20__)														
1. Brandposten während der feuergefährlichen Arbeiten														
	MO		DI		MI		DO		FR		SA		SO	
Name Frühschicht														
Name Spätschicht														
Name Nacht-schicht														
2. Brandwache nach Abschluss der feuergefährlichen Arbeiten														
	MO		DI		MI		DO		FR		SA		SO	
Verantwortlicher														
	Zeit	Kürzel	Zeit	Kürzel	Zeit	Kürzel	Zeit	Kürzel	Zeit	Kürzel	Zeit	Kürzel	Zeit	Kürzel
Kontrolle														
Kontrolle														
Kontrolle														
Kontrolle														
Kontrolle														
3. Ab- und Anschaltung von Meldergruppen Uhrzeit der Abschaltung/Anschaltung														
	MO		DI		MI		DO		FR		SA		SO	
abgeschaltet														
angeschaltet														
Verantwortlicher														
Unterschrift														
4. Ab- und Anschaltung von automatischen Löschanlagen Uhrzeit der Abschaltung/Anschaltung														
	MO		DI		MI		DO		FR		SA		SO	
abgeschaltet														
angeschaltet														
Verantwortlicher														
Unterschrift														
5. Verantwortliche Personen														
Name Auftraggeber:							Name Auftragnehmer:							
Telefon:			Mobil:				Telefon:				Mobil:			
Unterschrift:							Unterschrift:							

(Quelle: VdS 2008:2009-07)

8 Anhang

8.1 Literaturverzeichnis

Normen

DIN 1451-1:2018-12 Schriften – Serifenlose Linear-Antiqua – Teil 1: Allgemeines

DIN 4066:1997-07 Hinweisschilder für die Feuerwehr

DIN 4102-1:1998-05 Brandverhalten von Baustoffen und Bauteilen – Teil 1: Baustoffe; Begriffe, Anforderungen und Prüfungen

DIN 4844-1:2012-06 Graphische Symbole – Sicherheitsfarben und Sicherheitszeichen – Teil 1: Erkennungsweiten und farb- und photometrische Anforderungen

DIN 14090:2022-11 Flächen für die Feuerwehr auf Grundstücken [Entwurf]

DIN 14095:2022-10 Feuerwehrpläne für bauliche Anlagen [Entwurf]

DIN 14096:2014-05 Brandschutzordnung – Regeln für das Erstellen und das Aushängen

DIN 18095-1:1988-10 Türen; Rauchschutztüren; Begriffe und Anforderungen

DIN EN 54-1:2021-08 Brandmeldeanlagen – Teil 1: Einleitung; Deutsche Fassung EN 54-1:2021

DIN EN 1869:2019-10 Löschdecken; Deutsche Fassung EN 1869:2019

DIN EN 45020:2007-03 Normung und damit zusammenhängende Tätigkeiten – Allgemeine Begriffe (ISO/IEC Guide 2:2004); Dreisprachige Fassung EN 45020:2006

DIN EN ISO 7010:2020-07 Graphische Symbole – Sicherheitsfarben und Sicherheitszeichen – Registrierte Sicherheitszeichen (ISO 7010:2019); Deutsche Fassung EN ISO 7010:2020

DIN ISO 23601:2021-11 Sicherheitskennzeichnung – Flucht- und Rettungspläne (ISO 23601:2020)

Rechtsvorschriften

Arbeitsschutz-Rahmenrichtlinie: Richtlinie 89/391/EWG des Rates über die Durchführung von Maßnahmen zur Verbesserung der Sicherheit und des Gesundheitsschutzes der Arbeitnehmer bei der Arbeit v. 12. Juni 1989

Arbeitsschutzgesetz (ArbSchG) vom 07.08.1996

Arbeitssicherheitsgesetz (ASiG) vom 12.12.1973

Arbeitsstättenverordnung (ArbStättV) vom 12.08.2004

ASR A1.3 „Sicherheits- und Gesundheitsschutzkennzeichnung", Technische Regel für Arbeitsstätten, Ausgabe: Februar 2013

ASR A2.3 „Fluchtwege und Notausgänge", Technische Regel für Arbeitsstätten, Ausgabe: März 2022

Betriebssicherheitsverordnung (BetrSichV) v. 03.02.2015

Betriebsverfassungsgesetz (BetrVG) v. 15.01.1972, in der Fassung der Bekanntmachung vom 25.09.2001

DGUV Information 205-003 „Brandschutzhelfer – Ausbildung und Befähigung", Februar 2014, aktualisiert 2019 [online] https://publikationen.dguv.de/widgets/pdf/download/article/2848 [Zugriff: 29.03.2023]

DGUV-Regel 113-001 „Explosionsschutz-Regeln" (EX-RL) v. 08-2021

DGUV-Vorschrift 1 Unfallverhütungsvorschrift „Grundsätze der Prävention", 2013 [online] https://publikationen.dguv.de/widgets/pdf/download/article/2909 [Zugriff: 29.03.2023]

DGUV-Vorschrift 3 Unfallverhütungsvorschrift „Elektrische Anlagen und Betriebsmittel", 1997 [online] https://publikationen.dguv.de/widgets/pdf/download/article/1052 [Zugriff: 29.03.2023]

Gefahrstoffverordnung (GefStoffV) v. 26.11.2010

Löschwasser-Rückhalte-Richtlnie (LöRüRl) (Richtlinie zur Bemessung von Löschwasser-Rückhalteanlagen beim Lagern wassergefährdender Stoffe) – Fassung August 1992

Musterbauordnung (MBO), vom November 2002

Muster-Beherbergungsstättenverordnung (MBeVO) vom Dezember 2000, [online] https://www.is-argebau.de/lbo/VTMU019.pdf, [Zugriff: 23.03.2023]

Muster-Hochhausrichtlinie (MHHR) vom April 2008, [online] file:///C:/Users/info/Downloads/42310702.pdf [Zugriff: 23.03.2023]

Muster-Industriebau-Richtlinie (MIndBauRL), vom Mai 2019, [online] https://www.dibt.de/fileadmin/dibt-website/Dokumente/Amtliche_Mitteilungen/2019_2_MIndBauRL.pdf [Zugriff: 23.03.2023]

Muster-Richtlinien über Flächen für die Feuerwehr (MRFlF) vom Februar 2007, [online] file:///C:/Users/info/Downloads/4231196-2.pdf [Zugriff: 23.03.2023]

Muster-Schulbau-Richtlinie (MSchulbauR) vom April 2009, [online] file:///C:/Users/info/Downloads/42312659.pdf [Zugriff: 23.03.2023]

Muster-Verkaufsstättenverordnung (MVKVO) vom September 1995, [online] https://www.is-argebau.de/lbo/VTMU010.pdf [Zugriff: 23.03.2023]

Muster-Versammlungsstättenverordnung (MVStättVO) vom Juni 2005, [online] file:///C:/Users/info/Downloads/4231724917250.pdf [Zugriff: 23.03.2023]

Technische Regeln für Betriebssicherheit (TRBS) 2152 – Teil 1 „Gefährliche explosionsfähige Atmosphäre – Beurteilung der Explosionsgefährdung“ v. 02.06.2006

Technische Regeln für Gefahrstoffe (TRGS) 720 – Gefährliche explosionsfähige Gemische – Allgemeines, Ausgabe: Juli 2020

Technische Regeln für Gefahrstoffe (TRGS) 722 – Vermeidung oder Einschränkung gefährlicher explosionsfähiger Gemische – Ausgabe: Februar 2021

Technische Regeln für Gefahrstoffe (TRGS) 723 – Gefährliche explosionsfähige Gemische – Vermeidung der Entzündung gefährlicher explosionsfähiger Gemische – Ausgabe: Juli 2019

Technische Regeln für Gefahrstoffe (TRGS) 724 Gefährliche explosionsfähige Gemische – Maßnahmen des konstruktiven Explosionsschutzes, welche die Auswirkung einer Explosion auf ein unbedenkliches Maß beschränken – Ausgabe: Juli 2019

Verwaltungsvorschrift wassergefährdende Stoffe: Allgemeine Verwaltungsvorschrift zum Wasserhaushaltsgesetz über die Einstufung wassergefährdender Stoffe in Wassergefährdungsklassen (VwVwS) v. 17.05.1999

Wasserhaushaltsgesetz (WHG) vom 31. Juli 2009

Literatur

Laschinsky, L./Wiemann, U.: Brandschutzbeauftragter – Aufgaben, Qualifikation, Ausbildung und Bestellung, 3. Aufl. Köln: FeuerTrutz, 2021

Schütz, W./Wiemann, U.: Brandschutzhelfer, 2. Aufl. Köln: FeuerTrutz, 2019

Frenz, Walter: Nationales und europäisches Recht. 2011 [online] Internet: https://link.springer.com/chapter/10.1007/978-3-642-21019-8_2 [Zugriff: 3.1.2023]

Beschluss des Bundesverfassungsgerichtes vom 8. 8. 1978 – 2 BvL 8/77; OVG NRW [online] Internet: https://lexetius.com/1978,2 [Zugriff: 23.03.2023]

Vertrag über die Arbeitsweise der Europäischen Union (AEUV) [bis zum 30.11.2009 „Vertrag zur Gründung der Europäischen Gemeinschaft“], [online] Internet: https://dejure.org/gesetze/AEUV/288.html, [Zugriff: 20.03.2023]

8.2 Stichwortverzeichnis